BusinessVillage

Thoralf Rapsch

SEI DOCH MAL AGIL

9½ Inspirationen für agile Organisationen

BusinessVillage

Thoralf Rapsch
Sei doch mal agil
9½ Inspirationen für agile Organisationen
1. Auflage 2020

Bestellnummern
ISBN 978-3-86980-515-3 (Druckausgabe)
ISBN 978-3-86980-516-0 (E-Book, PDF)
ISBN 978-3-86980-537-5 (E-Book, EPUB)

Direktbezug unter www.BusinessVillage.de/bl/1091

Bezugs- und Verlagsanschrift
BusinessVillage GmbH
Reinhäuser Landstraße 22
37083 Göttingen
Telefon: +49 (0)551 2099-100
Fax: +49 (0)551 2099-105
E-Mail: info@businessvillage.de
Web: www.businessvillage.de

Layout und Satz
Sabine Kempke

Autorenfoto
Daniela Ponath Fotografie, https://daniela-ponath.de

Druck und Bindung
www.booksfactory.de

Inhalt

Über den Autor

Thoralf Rapsch macht Organisationen agil. Mit seinem Beratungsunternehmen unterstützt er Unternehmen im technischen Bereich beim Aufbau agiler Strukturen und entwickelt Mitarbeiter und Führungskräfte zu agilen Teamplayern.

Der Berufsweg von Thoralf Rapsch erlebte eine klare Neuorientierung, nachdem er viele Jahre als Licht- und Energietechniker in der TV-Branche gearbeitet hatte. 1993 begann er nach seiner Psychotherapeutenausbildung eine Karriere als Therapeut, die ab 1996 in der Tätigkeit als Berater und Trainer mündete. Zunächst arbeitete er freiberuflich und seit 2005 sehr erfolgreich als Geschäftsführer seines eigenen Unternehmens. Zudem erwarb Thoralf Rapsch zahlreiche Zusatzqualifikationen, die ihm bis heute als Grundlage für seine Tätigkeit als Berater und Trainer dienen.

Seine Maxime ist: Agilität ist Selbstorganisation – Selbstorganisation ist Agilität.

Kontakt
E-Mail: info@seidochmalagil.de
Web: www.seidochmalagil.de

Sind Sie Punkt, Punkt, Punkt?

Mit einer unkonkreteren Überschrift lässt sich ein Buch wohl kaum beginnen – und doch birgt sie die ganze schräge Entwicklung unserer modernen Arbeitswelt bereits in sich. Die Rede ist hier vom Feld der Agilität und ihren vielen Facetten für alle Beteiligten.

Wenn Sie sich nur ansatzweise mit dem Thema beschäftigen, dann sind Sie Punkt, Punkt, Punkt. Wenn Sie dabei sind, Agilität zu einem Teil Ihres Arbeitsalltages zu machen, dann Sie sind auch Punkt, Punkt, Punkt. Und wenn Agilität schon längst Teil Ihres beruflichen Umfeldes geworden ist, dann sind Sie sowieso Punkt, Punkt, Punkt.

Also unabhängig davon, wo Sie momentan stehen und aus welcher Position heraus Sie sich mit dem Thema Agilität beschäftigen: Das vorliegende Buch betrifft Sie ganz persönlich.

Vielleicht sind Sie Teammitglied in einem Umfeld, das agil arbeitet oder arbeiten soll. Dann werden Sie in diesem Buch Geschichten finden, die Sie vielleicht auch schon erlebt haben – und Sie werden erfahren, wie man mit solchen Situationen gut, selbstbewusst und sicher umgehen kann. Vielleicht sind Sie aber auch Führungskraft und verantwortlich für Mitarbeiter und Teams, die agil arbeiten oder arbeiten sollen. Auch Ihnen wird dieses Buch Fallbeispiele schildern und gedankliche Anregungen geben, wie Sie Ihre speziellen Anforderungen bewältigen können. Oder Sie müssen im Topmanagement entscheiden – beziehungsweise haben bereits entschieden –, dass in Ihrer Organisation Agilität zukünftig eine Rolle spielen wird. Auch für Sie wird dieses Buch hilfreich sein.

In jedem Fall soll es Ihnen Mut machen: Mut, sich mit den häufig auftauchenden Problemen bei der Einführung und Umsetzung von Agilität und der damit einhergehenden Selbstorganisation auseinanderzusetzen. Mut, den Herausforderungen ins Gesicht zu sehen, und Mut, Lösungen zu suchen und zu finden. Denn entgegen allen Unkenrufen: Agilität und Selbstorganisation funktionieren, wenn Sie es richtig anpacken – ganz sicher!

Kleine Betriebsanleitung zum Buch: Wieso Agilität den Weg Ihrer Zukunft pflastern wird

Gibt es nicht schon ausreichend Bücher zu und über Agilität? Natürlich existiert eine Fülle theoretischer Bücher zu diesem Thema! Bücher, die teilweise äußerst detailliert und wissenschaftlich beschreiben, wie Agilität funktioniert, auf welche Weise die passenden Frameworks und Methoden angewandt werden und was erforderlich ist, um Selbstorganisation in Unternehmen zu fördern. Aber in der Praxis sind wir immer wieder damit konfrontiert, dass agile Arbeitsweisen ihre ganz eigenen Dynamiken entwickeln und völlig anders verlaufen, als gedacht oder gewünscht – und dass sie ihre eigenen Geschichten schreiben.

So werden Sie in dem vorliegenden Buch also nicht zum wiederholten Male lesen, was Agilität nun ist oder wie Scrum und Kanban angewendet werden. In diesem Buch finden Sie Geschichten aus Unternehmen, Bereichen und Abteilungen oder Teams, die ich in ihrer agilen Entwicklung beraten und unterstützt habe. Geschichten von Teammitgliedern, Führungskräften und Verantwortlichen, die im agilen Arbeiten einen Mehrwert erkannt haben und sich zum Teil mit großer Begeisterung den Ansätzen von Agilität und Selbstorganisation gewidmet haben. Warum diese Menschen dann eine externe Unterstützung brauchten? Weil sie in der Umsetzung auf Herausforderungen stießen, die operativ ganz typisch, aber in der Theorie nur selten oder sehr zaghaft beschrieben sind. Und nicht zuletzt deshalb, weil für diese Herausforderungen nicht die Agilität an sich die Ursache war, sondern bei genauerer Betrachtung falsche Vorstellungen und Annahmen darüber. Der Hauptgrund für meine externe Begleitung war in allen Fallbeispielen aber die in der Agilität ungeheuer wichtige Komponente der Zusammenarbeit und der Entwicklung von Menschen, die meistens schlicht zu wenig oder gar nicht berücksichtigt wurde und wird.

Die Einführung von Agilität bedeutet nicht nur die Änderung der organisatorischen Aufstellung, die Umsetzung neuer Methoden oder ein weiteres Change-Projekt. Agiles Arbeiten erfordert besonders ein erweitertes Bild von Menschen in Unternehmen, das konsequent gelebt wird. Wenn wir wirklich agil sein wollen, kommen wir nicht darum herum, die Mitarbeiter – die Menschen – in unseren Unternehmen zum Mittelpunkt zu machen und sie weiterzuentwickeln. Ich bezeichne das dann als Menschenentwicklung.

Sicherlich haben Sie die beliebte Aussage »Unsere Mitarbeiter sind unser höchstes Gut« auch schon in vielfältigster Art und Weise gehört. Mitarbeiter sind aber weder ein Gut, noch Ressourcen, noch ein Buchungsposten auf der Payroll. Mitarbeiter sind Menschen und erst diese Menschen machen Agilität möglich, nicht Frameworks und Methoden.

Genau deshalb müssen wir uns in unserem gesamten unternehmerischen Tun immer wieder die Frage stellen, ob wir die nötigen Rahmenbedingungen geschaffen haben, unter denen Agilität und Selbstorganisation möglich sind und Menschen sich entwickeln können.

Das vorliegende Buch enthält einmalige Geschichten von ganz normalen Menschen, die mit den vielen kleinen Tücken kämpfen, die bei den Umsetzungsaktivitäten zu mehr Agilität auftauchen und immer wieder vorkommen.

Diese Erfahrungen sollen Ihnen aber nicht nur mögliche Probleme und Herausforderungen aufzeigen und deutlich machen, dass Agilität und Selbstorganisation implementierbar sind und funktionieren können. Sie sollen Ihnen vielmehr vermitteln, wie Sie persönlich, die Menschen Ihrer Organisation und natürlich Ihre Organisation selbst in jeder Hinsicht ein großes Stück dadurch weiterkommen können.

Was führte mich selbst zu diesem Buch? Ich bin ein großer Anhänger und Verfechter von Agilität und Selbstorganisation. Das war aber nicht immer so. Ich habe mich auf meinem Berufsweg als Berater zunächst im klassischen Sinne entwickelt. Damit meine ich, dass ich ein traditionelles Verständnis von Management und Führung erlernt und es über viele Jahre propagiert und an andere Menschen weitergeben habe: an Führungskräfte, in der Weiterentwicklung von Teams oder der persönlichen Entwicklung von Menschen in Unternehmen. Ich hätte diesen Weg wahrscheinlich locker bis zur Rente weitergehen können, ohne dabei persönliche oder materielle Einbußen in Kauf nehmen zu müssen. Aber über all die Jahre habe ich Beobachtungen und Erfahrungen gemacht, die man als Berater nicht gerne preisgibt - und die die Frage in mir aufwarfen, ob das, was ich da tat, wirklich sinnvoll war.

Ich arbeitete klassisch, das heißt mit dem, was in der Theorie gut klang und durch alle bestehenden Lehrmeinungen bestätigt wurde. Und genau das erwies sich im unternehmerischen Alltag als nicht mehr oder nur noch in Teilen praktikabel. So sah ich mich selbst mit einer zunehmenden Dysfunktionalität meiner Tätigkeit konfrontiert - und das, wo sich doch schon meine Auftraggeber zunehmend mit Dysfunktionalitäten auseinandersetzen mussten! Auch durch jahrelange Reflexion und Weiterbildung wurde ich nicht funktionaler.

Wäre ich als großartiger Vordenker geboren, hätte ich aus meinen Erfahrungen vielleicht ganz andere Schlüsse gezogen - und dieses Buch wäre wahrscheinlich ein weiteres Lehrwerk über Agilität und Selbstorganisation geworden. Aber das bin ich nicht.

So habe ich mit vielen Managern gearbeitet, um deren Führungsqualitäten zu steigern. Dabei habe ich leider viel zu oft erfahren müssen, dass nahezu alle gar keine Zeit mehr dafür haben, sich der eigentlichen Führung von Menschen zu widmen. Ich habe Führungskräfte begleitet, die hoch motiviert und voller guter Ideen für deren Umsetzung aus einem Workshop gingen – und die innerhalb weniger Tage wieder von ihrer Unternehmenskultur eingefangen wurden. Mit der Folge, dass alle guten Vorsätze auf »irgendwann später« verschoben wurden und im Nichts verpufften. Wenn dann die Möglichkeit bestand, nach Gründen dafür zu fragen, wurde schnell klar, dass Aussagen wie »Unsere Mitarbeiter sind das höchste Gut« nichts weiter als Lippenbekenntnisse waren.

Denn schlussendlich war es in den bestehenden Unternehmenskulturen und den vorherrschenden Managementsystemen wichtiger, dass Führungskräfte sich mit Excel-Dateien, Reportings und Projektabläufen beschäftigten.

Wirkliche Führung findet in der modernen Wirtschaft, so wie sie sich entwickelt hat, kaum noch statt – eine Dysfunktionalität, die längst selbst zum Problem geworden ist.

Ich habe zahlreiche Teamworkshops durchgeführt, die unter der Bezeichnung »Teamentwicklung« liefen. Interessanterweise wurden sie meistens dann initiiert, wenn es in den betreffenden Teams gar nicht mehr lief. Es ging also eigentlich um Konfliktmanagement im Team – man durfte es nur nicht so nennen. In diesen Maßnahmen gab es immer Aspekte, bei denen man die Teammitglieder selbst in die Pflicht nehmen musste, weil nur sie selbst es an diesen Stellen in der Hand hatten, für interne Veränderungen und Verbesserungen zu sorgen. Es gab aber immer auch Aspekte, die außerhalb ihres direkten Einflussbereiches lagen, nämlich in der Organisation oder dem Management. Da ich über viele Jahre sportpsychologisch mit professionellen wie semi-professionellen Teams gearbeitet habe, weiß ich sehr gut, was es braucht, um ein wirkliches Hochleistungsteam zu entwickeln. Ich habe im Wirtschaftsleben unendlich viele Teams erlebt, die weit davon entfernt waren und nicht einmal ahnten, was sie noch für Potenziale in sich trugen. Und zwar nicht, weil sie nicht wollten, sondern weil sie aufgrund der bestehenden Rahmenbedingungen nicht konnten – oder bei konsequenter Betrachtung, weil sie nicht durften. Kurzum: Ich habe viele Unternehmen erlebt, in denen Teamarbeit »ganz hoch aufgehängt«, aber die Bereitschaft dazu, wirkliche Teamarbeit zu etablieren, zu fördern und darin zu investieren, nicht vorhanden war. So ist Teamarbeit meiner Erfahrung nach längst zu einem inflationären Begriff geworden, der viel genutzt wird, aber nur selten etwas über wahre Teamarbeit aussagt.

Ich habe mit etlichen Menschen in Firmen gearbeitet, die weit unter ihren persönlichen Möglichkeiten geblieben sind. Mitarbeiter, die Talente hatten, die ihrem Unternehmen und seinen Kunden gutgetan hätten. Diese Talente gehörten nur leider oft nicht zur gegenwärtigen Rolle oder Funktion des Mitarbeiters. Wo kämen wir denn da hin, wenn jemand aus der Buchhaltung mit einem Mal einen aufgebrachten Kunden im Service beruhigen sollte - nur weil er das Talent dazu hat und es ihm Spaß machen würde? Wo kämen wir hin, wenn wir jede Idee von Mitarbeitern aufnähmen und dieser Gehör schenken würden, besonders dann, wenn sie außerhalb der jeweiligen Kompetenzbereiche läge? Da kämen wir ja zu nichts anderem mehr! Mit solchen auch heute noch in einer Vielzahl der Unternehmen anzutreffenden Mentalitäten war ich oft konfrontiert. Zu oft.

Meine Kernaufgabe bestand in der Regel darin, Mitarbeiter in ihrer Persönlichkeit und ihren sozialen Kompetenzen weiterzuentwickeln, dies aber bitte nur so, dass sie regelkonform und stromlinienförmig blieben. Über den Tellerrand schauen gern, aber bitte nur gucken. Ideen einbringen auch gern, aber bitte nicht zu viel Wirbel machen. Unternehmerisch denken sehr gern, aber bitte im vorhandenen Sinne des Unternehmens.

Mitarbeiterpotenziale zu entfalten bedeutet meiner Meinung nach nicht, noch mehr Leistung aus ihnen herauszuquetschen und sie, einer Hammelherde gleich, schneller über den Hof zu treiben. Ich habe viele Menschen kennengelernt, die ihren Unternehmen gerne Fähigkeiten zur Verfügung gestellt hätten, die aber leider niemand haben wollte, weil das Unruhe bedeutet hätte. Die Folge war, dass sie sich auf ein von den Rahmenbedingungen erzeugtes Minimum an Leistung zurückzogen. Sie wurden angepasst und haben dem entsprochen, was man von ihnen erwartet hat, damit die jährliche Beurteilung gut ausfiel. Wo aber ein derartiges Klima vorherrscht, ist persönliche Weiterentwicklung schnell begrenzt, egal ob mit externer Unterstützung oder ohne.

Der Status quo: Wie die vermeintliche Lösung (Agilität) zum Problem (Umsetzung) wurde

Nun werden Sie vielleicht sagen: »Aber du als Berater hättest das doch den Unternehmen und den verantwortlichen Personen alles sagen müssen.« Seien Sie gewiss, das habe ich getan – und zwar mehr als einmal. Und man hat mir so gut wie nie eine Tür vor der Nase zugeworfen, wenn ich meine Erkenntnisse und Erfahrungen vorgetragen habe. Ganz im Gegenteil, man hat mir sehr interessiert und aufgeschlossen zugehört. Aber damit hatte es sich dann in den meisten Fällen auch. Weil genau an dieser Stelle Handlungen und damit Veränderungen hätten einsetzen müssen.

Man hätte Führungskräften den Freiraum für die Führung von Menschen geben und sie von Managementaufgaben entlasten müssen. Das hätte aber ein völlig neues Führungsverständnis erfordert und »das ist viel Aufwand, da müssen wir mal sehen …«.

Aus dem inflationär gebrauchten Begriff »Team« hätte gelebte Teamarbeit mit einem wirklichen Gewicht im Unternehmen werden müssen: Man hätte in diese Teams investieren und ihnen echte Verantwortlichkeiten zugestehen müssen, um das Beste für alle aus wirklicher Teamarbeit zu entwickeln, jedoch »das ist viel Aufwand, da müssen wir mal sehen …«.

Man hätte Mitarbeiter wirklich zum höchsten Gut eines Unternehmens machen müssen: zu MIT-arbeitern, nicht zu AB-arbeitern. Man hätte anerkennen müssen: Die, die täglich mit Produkten und Kunden zu tun haben, wissen oft besser, was gut ist, als jene, die hinter Excel-Dateien und Reportings verschwinden und viel zu weit weg davon sind, um die richtigen

Entscheidungen treffen zu können. Man hätte sich eingestehen müssen, dass das Gros der Mitarbeiter bereit ist, sich für ihr Unternehmen sehr umfangreich einzusetzen und Leistung zu erbringen. Und nicht zuletzt hätte man einsehen müssen, dass die Arbeitswelt eine Umgebung ist, in der Menschen tätig sind, die ein natürliches Bedürfnis nach Weiterentwicklung haben, dem man auch als Arbeitgeber gerecht werden muss: »Das ist aber viel Aufwand, da müssen wir mal sehen ...«.

Frustrierend, oder? Ich musste mir nach gut fünfzehn Jahren Beratungstätigkeit selbst eingestehen, dass ich keine wirkliche und befriedigende Lösung für die Dysfunktionalitäten hatte, denen ich begegnete. Ich musste erkennen, dass ich mit dem, was ich tat, kommende Anforderungen nicht würde gestalten können. Denn: Wie sollte man die Zukunft mit etwas gestalten, das in der Gegenwart schon nicht funktionierte? Wohin konnte etwas führen, das in der Vergangenheit vielleicht funktional war, in der Gegenwart aber die beschriebenen Zustände verursachte?

Zu meinen damaligen persönlichen Erkenntnissen kam ein rasanter Wandel innerhalb der Wirtschaft: Die Vorhersagbarkeit von marktspezifischen und unternehmerischen Aspekten nahm dramatisch ab. Innerhalb kurzer Zeit wurde Unbeständigkeit ein wesentlicher Faktor für Unternehmen und Manager. Jahrelange Sicherheit in Bezug auf Marktanteile, Kundenverhalten oder Umsätze wich zunehmender Unsicherheit und Verunsicherung. Planung, das bewährte Managementinstrument, verlor seine gewohnte Wirksamkeit: Die Welt wurde immer komplizierter, komplexer, vielschichtiger und von Einflüssen dominiert, die niemand mehr abschätzen konnte. Was heute noch gültig war, konnte morgen schon wieder nichtig sein. Wenn man am Markt bleiben wollte, musste man nicht nur viel schneller reagieren als bisher, sondern selbst agieren. Zudem gab es plötzlich nicht mehr eine »absolute Wahrheit«, sondern mehrere Möglichkeiten. Wirtschaftliche Aspekte konnten plötzlich sowohl richtig als auch falsch sein und beides galt es zu berücksichtigen.

Diese Entwicklung vollzog sich in einem relativ kurzen Zeitraum und dauert bis heute an. Lange Zeit konnte man sie ignorieren oder belächeln. »Das geht wieder vorüber, man muss nur die Anstrengungen verdoppeln und mehr Bewährtes machen, dann wird das schon«. Aber das Ganze nahm Fahrt auf – und zwar schneller und schneller. Mit Ignoranz und Belächeln war es nicht mehr getan. Die Anstrengungen wurden nicht nur verdoppelt, sondern das Bewährte und Althergebrachte vervielfacht, nur um den Status quo aufrechtzuerhalten, was aber letztlich auch nicht reichte.

Es konnte doch nicht sein, dass all das, was über Jahrzehnte funktioniert hatte und erfolgreich war, plötzlich nicht mehr hinhaute! Aber es war und es ist so. Heute zeigt sich mehr als deutlich, dass die Managementinstrumente der Vergangenheit nicht mehr funktionieren und in vielen Fällen sogar dysfunktional sind. Projekte laufen seit Jahren fast nur noch aus dem Ruder, sowohl im Zeitrahmen als auch in den Kosten und der Qualität. Die Dynamik von Kundenanforderungen in Projekten ist enorm gestiegen. Änderungen sind an der Tagesordnung, das Anpassen von Projektplänen gehört zum täglichen Handwerk.

Kunden akzeptieren es immer weniger, wenn ihre Wünsche und Bedürfnisse nicht im Mittelpunkt stehen oder es ewig dauert, bis diese berücksichtigt werden. Sie wechseln viel schneller das Produkt oder den Anbieter. Wissen ist immer schneller und umfangreicher verfügbar, sodass für jeden Kunden, aber auch für jeden Mitarbeiter, nahezu alle Informationen und Entwicklungen transparent und besser nachvollziehbar sind als jemals zuvor.

Mitarbeiter hinterfragen Entscheidungen von Managern und Führungskräften, weil sie durch immer mehr verfügbares Wissen weitaus differenzierter mitdenken können. Durch die Globalisierung und Digitalisierung wird die Welt einerseits kleiner und andererseits vielfältiger, schneller und variabler.

Unternehmen kommen nicht mehr darum herum, sich konsequent damit auseinanderzusetzen, wie sie sich für die Zukunft aufstellen wollen, um mit all diesen Entwicklungen Schritt zu halten und marktfähig zu bleiben. Sie müssen sich permanent Fragen stellen: Wie können wir wesentliche Verbesserungen erzielen, wenn wir bei Effektivität, Effizienz und in der Optimierung von Produkten oder der jeweiligen Dienstleistung nicht mehr den großen Vorsprung erzielen? Wie schaffen wir es, im Wettbewerb mit kleinen Start-ups nicht den Anschluss oder wesentliche Marktanteile zu verlieren?

Dadurch rücken Ansätze in den Fokus von Unternehmen, mit denen den beschriebenen Entwicklungen positiv und zielführend begegnet werden kann. Die Antwort auf alle Fragen und Probleme verspricht Agilität, einhergehend mit der ihr innewohnenden Selbstorganisation von Menschen. Ich bin kein Agilist der ersten Stunde, aber der festen Ansicht, dass agiles Arbeiten eine logische Folge der vergangenen Jahre oder vielleicht sogar Jahrzehnte ist und es statt einen kurzfristigen Trend vielmehr den Beginn eines kompletten Wandels der Arbeitswelt markiert. Agilität ist für mich deshalb auch nicht eine Frage von »New Work«, wie es heute häufig diskutiert wird, sondern vielmehr von »Better Work«.

Agilität ist allerdings weder Hexenwerk noch Raketenwissenschaft. Es ist eine andere, flexiblere und dynamische Herangehensweise an Aufgabenstellungen, um den Veränderungen der Arbeitswelt besser begegnen zu können und damit gut für die Zukunft aufgestellt zu sein. Agilität erfindet das Rad nicht neu und das ist gut so. Denn es bedeutet in der Konsequenz auch, dass wir auf vieles zurückgreifen können, was wir bereits wissen und nur nicht konsequent anwenden. Agilität erfordert in diesem Sinne auch, den Fokus auf einen neuen Schwerpunkt zu legen, der als Lippenbekenntnis gar nicht so neu ist: Der Mensch und seine Entwicklung in der Arbeitswelt oder, wie ich es gerne nenne, »agile Menschenentwicklung«.

Agile Methoden und Frameworks werden zwar häufig als Patentrezept für die sich verändernde Wirtschaftswelt gesehen, funktionieren in vielen Fällen aber nicht: Es ändert sich wenig oder nichts, die Probleme bleiben bestehen und werden zum Teil sogar noch schlimmer. Alle Arbeitsweisen und Prozesse sind agil, nur die Mitarbeiter wollen partout nicht selbstorganisiert sein. Wie kann das sein? Ganz einfach: Wenn Agilität eingeführt wird, um damit Ziele zu verwirklichen, die mit traditionellen Mitteln nicht mehr erreicht werden können, ist sie zum Scheitern verurteilt. Eine neue Methode mit einem alten Mindset – so etwas geht selten gut. Der Schlüssel für eine erfolgreiche Agilisierung von Unternehmen oder Bereichen in Unternehmen liegt deshalb nicht im Ansatz oder der Methode selbst, sondern bei den Menschen. Denn bei der Agilität geht es nicht mehr allein um die Rollen und Funktionen in einem Unternehmen. Es ist nicht mehr wichtig, ob jemand Führungskraft, Teammitglied oder Mitarbeiter ist. Es geht darum, den Menschen in der jeweiligen Rolle zu erfassen und ihn in seiner persönlichen Entwicklung zu unterstützen.

Deshalb ist es im Grunde gar nicht möglich, ein Unternehmen per se agil zu machen: Agilität entsteht durch die Menschen, die in einem Unternehmen arbeiten, völlig unabhängig von der jeweiligen Position oder Aufgabe. Agilität ist in erster Linie eine Haltung, eine Einstellung, ein Mindset, welches sich alle Beteiligten aneignen und leben müssen.

Dies erfordert zum einen die Bereitschaft der Menschen in der Arbeitswelt und zum anderen den Raum, um sich persönlich entwickeln zu können. Wir müssen Arbeitsumgebungen so gestalten, dass Agilität möglich wird und sich die Potenziale entfalten, die heute in Unternehmen brachliegen.

Was aktiven Lesern helfen wird: Der Bedarf von agiler Menschenentwicklung und was sie ausmacht

Ich habe Unternehmen kennengelernt, die sich in weniger als drei Monaten auf agile Abläufe umgestellt haben. Der Prozess zur wirklich erfolgreichen Umsetzung von Agilität hat dann deutlich mehr Zeit in Anspruch genommen. Warum? Weil die Menschen in den Unternehmen das Mindset der Agilität oft nicht in kurzer Zeit internalisieren können – denn das ist keine Frage des bloßen Intellektes, sondern ein anhaltender Prozess. In diesem Zusammenhang stellt sich natürlich die Frage, ob die Reise zur Agilität und der damit verbundenen Selbstorganisation überhaupt jemals zu Ende sein kann.

Ich bin heute der Überzeugung, dass Agilität nur erfolgreich funktionieren kann, wenn eine echte Weiterentwicklung von Menschen ermöglicht wird. Nicht wo Anweisung und Kontrolle vorherrschen, sondern dort, wo Partizipation und Mitgestaltung stattfinden kann, führt Agilität zum Erfolg. Nicht wo Manager allein die Entscheidungen treffen, sondern dort, wo diejenigen, die Wissen und vor allem Erfahrung mit der Materie haben, Verantwortung tragen. Nicht wo Vertrauen nur auf Plakaten stattfindet, sondern dort, wo es Menschen aller Ebenen aufbauen und täglich leben. Überall dort, wo sich agile Menschenentwicklung vollzieht, können Agilität und Selbstorganisation gar nicht verhindert werden.

Agile Menschenentwicklung ist aber eben auch kein Patentrezept für alle: Es bedeutet, die Individualität und Verschiedenheit der Menschen in einem Unternehmen anzuerkennen und zu respektieren, aber genauso zu schauen, wie sie produktiv genutzt werden können. Das bringt natürlich eine sehr vielschichtige Dimension in den unternehmerischen Alltag und erfordert wiederum agile Führung.

Agile Menschenführung ist auch eine starke kulturelle Frage. Da man eine Unternehmenskultur nicht einfach wie eine Mütze auf den Kopf überstülpen kann, sondern sie durch die jeweiligen Rahmenbedingungen und Menschen geformt wird und entsteht, müssen Gegebenheiten geschaffen werden, die nicht mehr auf Konformität von Mitarbeitern setzen, sondern auf die Möglichkeit, sich persönlich einzubringen, zu gestalten und zu wachsen – eine weitere, tiefgehende und umfassende Differenzierung.

Eine agile und selbstorganisierte Kultur muss für Menschen Voraussetzungen dafür bieten, täglich mit Freude zur Arbeit zu kommen und erfüllt nach Hause zu gehen. Am Abendbrottisch mit der eigenen Familie sollte spürbar sein, dass jeder Arbeitstag Gewinn und Zufriedenheit bedeuten kann. Nur in einem solchen Umfeld ist wahre agile Menschenentwicklung möglich, weil sie es erlaubt, dass Menschen mitgestalten – fachlich, organisatorisch und kulturell. Diese Form der Teilhabe ist ein wichtiger Teil agiler Menschenentwicklung.

Agile Menschenführung hat auch einen synergetischen Effekt. Sie stellt Fragen wie: Wohin möchtest du dich als Mensch entwickeln? Wie können wir dich als Unternehmen unterstützen? Wie können wir positive Wechselwirkungen für dich und uns schaffen? Wenn die Weiterentwicklung eines Menschen nicht nur auf die Freizeit begrenzt ist, sondern vierzig Stunden Arbeit in der Woche einschließt, erhält Arbeit einen völlig anderen Stellenwert und trägt entscheidend zur eigenen Lebensqualität bei.

Wir leben in einer Zeit, in der sich – nicht zuletzt auch durch den demografischen Wandel – kaum noch ein Unternehmen diesem Umstand gegenüber verschließen kann. Auch und gerade, weil in unserer Gesellschaft junge Generationen nachwachsen, die traditionelle Vorgehensweisen in Unternehmen kritisch hinterfragen und manchmal auch ablehnen. Ich glaube, das ist gut so. Zwingt es uns doch dazu, in Bewegung zu kommen, uns der Gegenwart mit ihren Veränderungen zu stellen und durch Querdenken und Experimentieren völlig neue Modelle und Strategien zu entdecken und zu entwickeln. Auch der Umstand, dass wir zunehmend nicht mehr nur die wirtschaftlichen Aspekte positiv, sondern auch die Arbeitswelt für die Menschen wertvoller und sinnhafter gestalten wollen, ist meines Erachtens eine sehr gute Entwicklung.

Wenn wir den Weg für eine konsequente, gute und agile Menschenentwicklung bereiten wollen, müssen wir gar nicht so vieles anders machen als bisher. Oder vielleicht doch: Wir müssen all das, was wir bisher Managern und Führungskräften sowie Teams und Mitarbeitern nahegebracht haben, wirklich tun und umsetzen. Die bisherige Inkonsequenz à la »Wasch mir den Pelz, aber mach mich nicht nass« funktioniert dann nicht mehr.

Es ist für mich immer wieder beachtlich, wie viel von dem, was wir Führungskräften, Teams und Mitarbeitern bisher schon an die Hand gegeben haben, in einem agilen Umfeld genauso gültig ist. Sicher müssen wir einige alte Zöpfe abschneiden, aber als Führungskraft müssen Sie nicht befürchten, dass plötzlich alles, was Sie gelernt oder bisher praktiziert haben, in einem agilen Umfeld null und nichtig ist. Sie werden sehr wahrscheinlich an Ihrem Mindset arbeiten müssen, aber ein großer Teil Ihres Handwerkszeuges wird weiterhin einsetzbar und nützlich sein.

Auch Teams entwickeln sich in der Agilität nicht so völlig anders wie in einem traditionellen Umfeld. Allerdings müssen sie die Möglichkeit erhalten, sich konsequent und kontinuierlich weiterzuentwickeln, besonders persönlich als Menschen. Dafür braucht es nicht nur Zeit, sondern auch geeignete Rahmenbedingungen. Als Mitarbeiter brauchen Sie sich fast am wenigsten Gedanken zu machen und müssen schon gar keine Angst vor Agilität haben. Sie sind bereits heute weitaus agiler, als Sie vielleicht denken. Wahrscheinlich müssen auch Sie Ihr Mindset ein wenig modifizieren und sich darauf einlassen, einige Erfahrungen Ihres bisherigen Berufslebens neu zu machen. Aber dafür arbeiten Sie im Idealfall in einem Umfeld, in dem Sie sich als Mensch weiterentwickeln und wachsen können.

So steht uns im Grunde alles Erforderliche bereits zur Verfügung. Wir haben das nötige Wissen für die Entwicklung von Führungskräften, Teams und Mitarbeitern, also für alle Menschen in Unternehmen. Wir müssen es nur konsequent mit Leben füllen und damit die Grundlage für eine erfolgreiche Agilität und Selbstorganisation schaffen. Wir müssen agile Menschenentwicklung konsequent praktizieren – und das ist bei Weitem nicht so schwer, wie manch einer glauben mag.

Die Geschichten in diesem Buch sollen Ihnen typische agile Herausforderungen schildern und einen Einblick in den Umgang damit vermitteln. Sie stammen allesamt aus hybriden Unternehmensstrukturen, also Unternehmen, in denen sowohl gewachsene als traditionelle Strukturen bestehen und in denen agile Arbeitsweisen eingeführt wurden. Sie werden hier keine detaillierten Anleitungen und tiefgründigen Methodenbeschreibungen finden. Dann hätte ich ein weiteres Lehrbuch geschrieben. Vielmehr möchte ich Ihnen die Möglichkeit geben, durch die Geschichten zu sehen, dass Agilität zwar eine Herausforderung ist, aber viele unterschiedliche Aspekte beinhaltet. Und nicht zuletzt: Dass Agilität auch etwas ist, das man handhaben, wirklich erfolgreich umsetzen und das in vielfältiger Weise Spaß machen kann.

Dabei habe ich lange überlegt, ob ich die Geschichten unter Angabe der jeweiligen Unternehmensnamen schreibe und habe mich schließlich dagegen entschieden. Der Grund ist recht einfach. In meinem gesamten Beraterleben haben sich meine Kunden vorwiegend an mich gewandt, um ihre Probleme zu lösen. Ich halte es nicht für wünschenswert –, und ich weiß, dass viele meiner Kunden es auch nicht für wünschenswert halten – wenn Probleme von Unternehmen für alle Welt transparent nach außen getragen werden.

Für das Ziel des Buches ist es auch nicht zwingend erforderlich. Drum sind die jeweiligen Unternehmen in den Geschichten nur mit Eckdaten beschrieben und die Namen der Protagonisten geändert.

Natürlich konnte auch ich nicht alle Facetten einer erlebten Geschichte zu Papier bringen, sondern habe mich auf das Wesentliche beschränkt - sonst hätte das Buch gut und gerne einen zehnfachen Umfang gehabt. In der Reihenfolge der Geschichten können Sie durchaus eine methodische Logik erkennen, die ich in meinen Beratungsaufträgen oft verfolge.

Sie müssen die Geschichten aber nicht zwangsläufig nacheinander lesen, da es sich um einzelne, in sich geschlossene Fallbeispiele mit völlig unterschiedlichen Situationen und Umgebungen handelt. Insofern können Sie also nach Herzenslust beim Lesen springen.

»Sei doch mal agil« endet in einer halben Geschichte, mit der ich mit Ihnen in den Austausch gehen möchte. Sie werden in diesem Buch kein Richtig oder Falsch finden, das gibt es nach meiner Einschätzung in der Agilität ebenso wenig wie ein abgeschlossenes Agilitätsprojekt. Transparenz und Kommunikation sind wertvolle und wertschöpfende Aspekte von Agilität und so will ich es zum Ende des Buches mit der halben Geschichte auch halten. Ich möchte Sie einladen, die angefangene Geschichte selbst zu vollenden, indem Sie prüfen, mit welchem Reifegrad Ihr Team oder Ihre Teams unterwegs sind. Nutzen Sie gern diese Möglichkeit, ich freue mich auf Ihre Lösungen und den Austausch mit Ihnen!

1.
Mit Volldampf in die Selbstorganisation

Eine Idee gehört einem. Eine Vision eher allen.

Erhard Blanck

»Ich möchte, dass wir viel agiler werden. Wir müssen uns für die Zukunft aufstellen, da muss jeder seinen Teil beitragen. Ich will hier im Unternehmen nicht immer alles allein entscheiden, das soll alles selbstorganisierter werden – eben agil!«

Mit diesen Sätzen eröffnete Robert unser erstes Treffen. Robert ist Mitte dreißig und hat das Unternehmen seines Vaters übernommen, der in fünfundzwanzig Jahren aus einer Garagenfirma ein ansehnliches mittelständisches Unternehmen mit fast einhundert Mitarbeitern geformt hat. Roberts Vater hat das Unternehmen in allen Bereichen geprägt und eher patriarchalisch geführt. Im Laufe der Übergabe ist Robert bewusst geworden, über wie viel intuitives Wissen sein Vater verfügt. Das Verständnis geschäftlicher Zusammenhänge und des internationalen Marktes hat er einfach drauf. Dieses Know-how an Robert weiterzugeben war eine echte Herausforderung. Obwohl die beiden früh damit begonnen und sich einige Jahre Zeit dafür genommen hatten, ist dieser Prozess für Robert immer noch nicht abgeschlossen. Häufig hat er das Gefühl gehabt, dass er das alles nie lernen und verstehen werde.

Mittlerweile ist Robert aber sehr gut in seiner Rolle als Geschäftsführer angekommen. Er wird nicht mehr als Junior gesehen, sondern von allen als »der neue Chef« akzeptiert. Eine Sache ist ihm allerdings sehr schnell klar geworden: Mit der gleichen Intensität wie sein Vater will er das Unternehmen nicht weiterführen. Zum einen hat Roberts Vater immer sehr viel Zeit in der Firma verbracht. Arbeitstage mit zehn und zwölf Stunden waren an der Tagesordnung. Zum anderen sind so ziemlich alle Entscheidungen über seinen Tisch gegangen. Beides will Robert nicht. Er hält es für nicht mehr zeitgemäß, wenn jeder Vorgang von der Geschäftsführung abgesegnet werden muss. Darüber hinaus hat er zwei kleine Kinder, die er aufwachsen sehen will und für die er da sein möchte.

Robert weiß, dass er sehr kompetente und zuverlässige Mitarbeiter in seiner direkten Arbeitsumgebung hat. Es gibt im Unternehmen eine Gruppe von vier Abteilungsleitern. Die Verantwortlichen für Vertrieb, Produktentwicklung und Produktion sind länger an Bord als er selbst. Der Abteilungsleiter im Service ist gemeinsam mit ihm ins Unternehmen eingetreten. Alle haben seinerzeit richtig gut mitgezogen, als es um die Übertragung der Verantwortung auf Robert ging.

Im Zuge seiner Zukunftsplanung hat sich Robert mit agilen Arbeitsweisen beschäftigt und einige Bücher dazu gelesen. Am meisten hat ihn daran das selbstorganisierte Arbeiten und das flexible Agieren in Projekten fasziniert. Darin sieht er auch die künftige Ausrichtung seines Unternehmens. Eine agile Kultur würde es ihm nicht nur ermöglichen, Verantwortlichkeiten auf viele Personen zu verteilen, was er für einen spannenden Gedanken hält. Sondern auch, sich selbst mehr persönliche Freiräume zu schaffen.

Dazu nimmt Robert den Wunsch nach mehr Verantwortung seitens der Führungskräfte und Mitarbeiter wahr. Auch diesen Aspekt hofft er mit einer agilen Arbeitsweise zufriedenstellend für alle zu lösen.

So hat sich Robert an mich gewandt, um mit meiner Unterstützung eine agile Kultur in seinem Unternehmen zu etablieren. »Die Führungscrew wird da mitziehen, davon bin ich fest überzeugt. Und die Jüngeren werden es auch mögen, die wollen hier mitgestalten. Wir werden sicherlich auch an Attraktivität für neue Mitarbeiter gewinnen, das wird uns zukünftig auch helfen.« In unserem ersten Gespräch merke ich Robert die Begeisterung für seine Idee in jeder Hinsicht an. Da er sehr oft den Begriff »agile Kultur« verwendet und den Weg dorthin als »Projekt« bezeichnet, frage ich ihn, wie viel Zeit er dafür eingeplant hat. »Ich glaube nicht, dass das lange dauern wird. Wir haben schon einige Male darüber gesprochen und meine Führungscrew hat schon verstanden, um was es geht. Die stehen eigentlich in den Startlöchern und wollen loslegen. Im Grunde ist agiles Arbeiten ja auch nicht so schwer zu verstehen, wir müssen jetzt nur noch selbstorganisierter werden. Also ich denke mal, dass wir zum Ende des Jahres damit durch sind.«

Es ist Ihnen sicherlich auch schon öfter aufgefallen, dass man die eigene Körpersprache nicht immer kontrollieren kann. In Anbetracht des Umstandes, dass ich das Gespräch mit Robert im August führte, muss mir in diesem Moment meine Mimik wohl entglitten sein. Irgendetwas in meiner nonverbalen Reaktion löste jedenfalls die unmittelbare Frage bei Robert aus: »Du schaust so komisch, das schaffen wir doch, oder?«

Agilität einzuführen heißt Qualität vor Geschwindigkeit zu stellen

Ich arbeite mit Robert nun schon eine ganze Zeit zusammen und er ist ein richtig toller, junger Geschäftsführer. Allerdings hat Robert etwas ganz Wichtiges lernen müssen, wenn es darum geht, ein Unternehmen agiler und in diesem Zusammenhang auch selbstorganisierter aufzustellen. Da Agilität in direktem Zusammenhang mit der Selbstorganisation von Menschen steht und beides nicht voneinander zu trennen ist, kann man Agilität nicht wie ein Projekt einführen. Eine Umstrukturierung kann wie ein Projekt eingeschätzt und umgesetzt werden. Auch die Optimierung von Prozessen kann man zu einem Projekt machen. Aber Agilität ist kein Projekt – definitiv nicht.

Dass diese Betrachtungsweise trotzdem recht häufig ist liegt daran, dass sehr oft nur eine Seite der Agilität gesehen wird. Diese wird als »physische Agilität« bezeichnet und fokussiert vorwiegend Abläufe, die in der Beschreibung und Vorgehensweise agiler aufgesetzt werden. Das geht in der Regel relativ einfach und ist in etwa vergleichbar mit der Implementierung einer neuen Methode oder eines anderen Prozesses. Da wir in einer von Effizienz geprägten Geschäftswelt leben, liegt der Fokus sehr oft eher oder ausschließlich auf diesem methodischen, also physischen Teil von Agilität.

Unternehmen merken bei diesem Vorgehen aber schon nach kurzer Zeit, dass die Umsetzung eben nicht so gut läuft, die erhofften Effekte ausbleiben oder das Ganze gar zu scheitern droht. Wir erleben dieses Phänomen in der Praxis ebenfalls häufig bei der Einführung von normalen (also nicht agilen) Prozessen und Methoden. Warum ist das so?

Jede Methode, und das gilt selbstverständlich auch für agile Ansätze, funktioniert immer nur so gut, wie sie von Menschen umgesetzt und mit Leben gefüllt wird. Seit einigen Jahrzehnten ist mehr und mehr zu beobachten, dass Menschen in Unternehmen aber nicht (mehr) jede neue Methode, jeden neuen Prozess oder jedwede Änderung ihres Arbeitsumfeldes bedingungslos akzeptieren. Die Idee, Agilität ausschließlich oder überwiegend über die physische Agilität einzuführen, funktioniert in den meisten Fällen nicht oder führt zu suboptimalen Ergebnissen. Denn dieses Vorgehen berücksichtigt die Menschen nicht, die mit diesen Neuerungen operativ arbeiten sollen. In einem agilen Umfeld wirkt sich dies noch deutlicher aus als sonst, weil Agilität in einem sehr starken Maß auf die Selbstorganisation von Mitarbeitern setzt und damit in einer hohen Ausprägung auf die Umsetzung von physischer Agilität durch die Menschen.

Bei genauer Betrachtung können Abläufe und Prozesse allein also gar nicht agil sein. Das können nur Menschen und damit auch die aus ihrer Agilität entstehenden Vorgehens- und Arbeitsweisen. Wenn Menschen Agilität verstehen und umsetzen lernen, sprechen wir von »mentaler Agilität«. Und nur dann entstehen plötzlich agile Aktivitäten, die diese vielen wundersamen Dinge hervorbringen, die immer wieder von agilen Organisationen berichtet werden. Erst durch mentale Agilität kommen schlussendlich auch agile Abläufe und Prozesse wirklich zustande.

Agilität ist keine neue Erfindung. Die meisten Menschen sind per se agil. Stellen Sie sich vor, Sie fahren mit dem Auto in den Urlaub und kommen in einen Stau. Nahezu jeder Mensch prüft in einer solchen Situation, ob es eine Möglichkeit gibt, vom geplanten Weg abzuweichen, um schneller oder zumindest entspannter voran und damit ans Ziel zu kommen. Im Grunde eine agile Reaktion. Die Planung wird aufgrund eines unerwartet aufgetretenen Ereignisses überprüft und gegebenenfalls geändert.

Oder schauen Sie sich eine Fußballmannschaft an. Natürlich werden vor dem Spiel Ziele, Taktik und Abläufe abgesprochen und festgelegt. Aber während des Matches? Da zeichnen sich die meisten Spieler durch eine hohe Agilität und Adaptionsfähigkeit aus. Aus gutem Grund: Schließlich will die Mannschaft ihr Wunschergebnis erreichen. Nahezu jeder Trainer wird Ihnen sagen, dass er nach dem Anpfiff so gut wie keinen Einfluss mehr auf sein Team hat. Das muss es dann selbst regeln. Die Mannschaft muss sich während eines Spieles auf unendlich viele unerwartete Situationen und Neuerungen einstellen und die geplanten und vorgesehenen Abläufe immer wieder den Gegebenheiten anpassen.

Haben Sie Kinder? Jedes Elternteil kennt das: Man hat sich etwas vorgenommen, also quasi den Weg zu einem Ziel definiert.

Und dann? Das Baby oder Kleinkind durchkreuzt sauber alle geplanten Schritte. Und nun? Mit kleinen Kindern haben Sie gar keine Wahl. Sie müssen Agilität oder agiles Verhalten lernen und im Grunde ständig praktizieren – sonst kommen Sie zu nichts.

Menschen sind also in unendlich vielen Bereichen bereits agil. In Unternehmen wurde dies über Jahrzehnte allerdings eher als Gefahr gesehen, weil Agilität immer auch mit Individualität verbunden ist. Und die effizientesten Wege, aber auch die sichersten, dieses dynamische und individuelle Verhalten »in den Griff« zu bekommen, sind festgelegte Abläufe und Prozesse. Am besten noch von denen entworfen, die möglichst weit weg vom operativen Handeln sind.

Das hat alles seine Berechtigung. Besonders, wenn die Welt - der Markt und die Kunden - relativ einfach einzuschätzen ist, also von Konstanz geprägt ist. Diese Zeiten sind für die meisten Unternehmen allerdings vorbei. Es gibt kaum eines, das sich in den vergangenen zehn bis fünfzehn Jahren nicht mit einer nötigen, sehr viel höheren Beweglichkeit auseinandersetzen musste. Die unternehmerischen Aspekte, die nur schwer vorhersehbar oder gar unberechenbar geworden sind, nehmen in immer kürzeren Zeitintervallen zu. Das bedeutet eine wachsende Komplexität in allen Umfeldern. Komplexität kann man aber nur mit Flexibilität begegnen, nicht mit starren Abläufen und Prozessen. Unser Bedürfnis, zukünftige Ereignisse und Aktionen festlegen zu wollen, ist im Grundsatz nicht falsch. Den daraus entstehenden Plan allerdings als alleingültige Richtschnur anzusehen, wird der Gegenwart in vielen Fällen nicht mehr gerecht.

Genau hier punktet die Agilität mit ihren Ansätzen: Eine Planung zu machen, aber in sehr kurzen Abständen immer wieder bewusste Anpassungen zu fordern und vorzunehmen - und das im engen Austausch mit den Kunden, um möglichst schnell auf Veränderungen in einem Markt reagieren zu können.

Die Verantwortung umfangreich an diejenigen zu übertragen, die den besten Kontakt zum Kunden und damit zum Markt haben und gleichzeitig das größte fachliche Wissen für die Umsetzung besitzen. Die Adaptionsfähigkeit und Flexibilität von Menschen zu nutzen, um ihr Potenzial bestmöglich für ein Ziel einzusetzen.

Robert hat im Grunde die Zeichen der Zeit und die Bedeutung von Agilität für sein Unternehmen richtig erkannt. Er hat bis zu unserem ersten Zusammentreffen allerdings primär den physischen Aspekt von Agilität fokussiert, obwohl er mit seinem Begriff von der agilen Kultur auch den mentalen Aspekt schon im Blickfeld hatte.

Wenn wir die mentale Agilität betrachten, aus der dann viel für die physische Agilität entsteht, erkennen wir sehr schnell, dass immer Menschen der Schlüssel zum agilen Erfolg sind.

Obwohl wir es uns oft wünschen, entwickeln sich Menschen aber nicht automatisch oder immer schnell. Vielmehr haben sie dabei ihre individuelle Geschwindigkeit - so wie Sie und ich. Damit folgen aber auch Organisationen und Unternehmen auf dem Weg zur Agilität zwangsläufig einem ganz eigenen Entwicklungstempo.

So kann ich aus meiner Erfahrung sagen: Wenn Sie eher der Ich-möchte-dass-sich-alles-schnell-entwickelt-Typ sind, dann lassen Sie die Finger von Agilität. Wenn Sie Ihren Schwerpunkt mehr auf die Qualität von Ergebnissen und Zusammenarbeit legen, dann sollten Sie sich weiterhin damit beschäftigen.

Wenn Sie Lust haben, Teil von etwas zu sein, das wahrscheinlich die nächsten Jahrzehnte mitprägen wird, Lust haben, sich selbst weiterzuentwickeln und zu erleben, wie sich die Menschen um Sie herum weiterentwickeln, dann sollten Sie sich auf den spannenden Weg der Agilität machen - es wird sich für Sie lohnen.

Menschen für einen Weg gewinnen

Robert und ich haben ein bisschen miteinander gerungen, bis wir einen guten und für ihn akzeptablen Weg für sein Vorhaben gefunden hatten. Dabei mussten wir die unternehmerischen Notwendigkeiten mit den Erfordernissen einer Unternehmensentwicklung hin zu Agilität und Selbstorganisation sinnvoll kombinieren.

Als ersten Schritt haben wir Roberts Vorstellungen zu seinem Unternehmen der Zukunft in eine sinnstiftende Philosophie und Vision gefasst. Interessanterweise hat das auch bei Robert selbst noch einmal zu einer stärkeren Klarheit in Bezug auf das, was er erreichen wollte, geführt. Anschließend galt es, seine Führungscrew miteinzubeziehen und zu einem Teil des zukünftigen Weges werden zu lassen.

Wir haben Roberts Ausführungen den vier Abteilungsleitern vorgestellt und intensiv mit ihnen diskutiert. Änderungsvorschläge, Streichungen und Ergänzungen kamen hinzu. Nicht im großen Stil, aber doch in einem wertvollen Umfang, den auch Robert als Gewinn begrüßte. Das weitaus Wichtigere und Entscheidende aber war, dass sich danach fünf Personen über eine Philosophie und Vision einig waren, in der sich jeder Einzelne wiederfand.

Dieses Vorgehen hat gut acht Wochen in Anspruch genommen und bis Ende Oktober gedauert. Ursprünglich wäre Robert gern schon sehr viel weiter gewesen, ahnte aber langsam, was es heißt, bei der Einführung von Agilität statt auf Geschwindigkeit auf Qualität zu achten. Wenn Sie Agilität entfalten wollen, dann müssen Sie die richtigen Dinge tun und diese Dinge richtig tun.

Innerhalb der Führungscrew tauchte nun die Frage auf, wie man die Mitarbeiter für eine neue Kultur und neue Art der Zusammenarbeit gewinnen könne. Herbert, der Produktionsleiter, gab früh zu bedenken: »Ich weiß nicht, ob das in meinem Bereich hinhaut. Die wollen eher alle gesagt bekommen, was sie tun sollen. Die kennen das ja auch nicht anders, das läuft ja schon ewig so. Und die meisten sind ja auch schon lange dabei. Ich glaube ja, die muss man eher so ein bisschen schubsen und ihnen klare Ansagen machen, sonst klappt das nicht mit denen.«

Herberts Worte brachten in sehr deutlicher Art eine bei vielen Unternehmen und Führungskräften mehr oder minder vorhandene Meinung über Mitarbeiter zum Ausdruck. Es ist ein Menschenbild, das von Douglas McGregor bereits 1960 in den Theorien X und Y beschrieben wurde.

McGregor geht mit der Theorie X im Kern davon aus, dass Menschen in der Arbeitswelt eine angeborene Arbeitsabneigung haben, unwillig sind und mit Unlust zum Job gehen. Gerade deshalb müssen sie von der Führungsseite angespornt und angewiesen werden. Bei der Theorie Y handelt es sich um das genaue Gegenteil. Hierbei sehen Menschen in ihrer Arbeit eine wichtige Quelle für ihre innere Zufriedenheit, sind von Natur aus leistungsbereit und mit Motivation ausgestattet. Da sie also danach streben, ihre Arbeitswelt zum Teil ihrer persönlichen Entwicklung und Selbstverwirklichung zu machen, muss eine Führungskraft wenig steuern, sondern vielmehr Rahmenbedingungen schaffen, die das intrinsische Potenzial von Mitarbeitern zur Entfaltung kommen lässt.

Vier Jahre später – 1964 – erweiterte McGregor seine Gedanken noch einmal um die Theorie Z, nach der Menschen in der Arbeitswelt beide Aspekte, also X wie Y aufweisen können. Dieser Ansatz hat sich mittlerweile als Grundlage vieler Führungsmodelle, nach denen wir in der westlichen Welt agieren, fest etabliert.

McGregor selbst ist davon ausgegangen, dass es keine X-Menschen in der Arbeitswelt gibt. In seinem 1960 erstmalig veröffentlichten Buch *The Human Side of Enterprise* weist McGregor an etlichen Stellen auf seine Einschätzung hin. Im Laufe der Jahre ist sein Ansatz allerdings dermaßen oft in Zweifel gezogen worden, dass sich das Bild von X-Menschen in der Arbeitswelt bis heute sehr verfestigt hat.

Aus meiner Sicht ist die zentrale Frage, ob Menschen, die der Theorie X entsprechen, nicht eher ein Abbild unserer inneren Haltung sind. Wir halten es für möglich, dass es diese Haltung bei Menschen gibt und finden prompt die Bestätigung in unserer Arbeitswelt. Vor allem auch, weil wir die Theorie Y nur noch selten für möglich halten – also eine sich selbstnährende Bestätigung unseres inneren Bildes.

Ich persönlich halte es da eher mit der ursprünglichen Einschätzung von McGregor und sehe diese viel häufiger bestätigt, als manch einer glaubt.

Überprüfen Sie Ihre Haltung einfach mal selbst. Wenn Sie das nächste Mal das Gefühl haben, einem X-Mitarbeiter zu begegnen, dann gehen Sie einfach davon aus, dass auch er vom Grundsatz her ein Y-Mitarbeiter ist. Stellen Sie sich mit dieser Haltung dann die Frage: »Wie ist es dazu gekommen, dass dieser Mensch zu einem X-Mitarbeiter geworden ist?« Lassen Sie mich gern wissen, was in Ihrem Fall aus dieser Betrachtungsweise herausgekommen ist.

In kritischen Situationen oder beim Auftreten von Fehlern zeigt sich besonders klar, welches (meist unbewusste) Menschenbild in einem Unternehmen vorherrscht. Bei Misserfolgen werden – selbst wenn normalerweise mit dem »Prinzip der langen Leine« gearbeitet wird – nach der ausgiebigen Suche nach dem Schuldigen unweigerlich Maßnahmen aus der Führungsebene angeordnet, durch die der Patzer in Zukunft vermieden werden soll – die lange Leine wird gekürzt. Häufig führt aber gerade das zu Einschränkungen für die Operative und zu Reibungsverlusten. Zusätzlich ist dann zu beobachten, dass Mitarbeiter Workarounds entwickeln, die die verhängten Maßnahmen wieder aushebeln, um weiterhin operativ oder wieder effizient arbeiten zu können – alles natürlich so, dass der Chef es möglichst nicht bemerkt.

Herberts Worte waren insofern recht typisch für viele Führungskräfte, die ich in den vergangenen Jahren kennengelernt habe. Auch in der weiteren Führungscrew von Robert stimmten einige Herberts Aussagen zu. Obwohl die Theorie Y oder Z bei genauer Hinsicht auf die meisten Mitarbeiter zutrifft, denken wir sehr oft in X oder Y beziehungsweise in Schwarz oder

Weiß. Was menschlich sein mag, ist für die Einführung von Agilität, insbesondere der mentalen, tödlich. Wenn wir nicht zu der Überzeugung kommen, dass Mitarbeiter zumindest Anteile oder gar große Anteile der Theorie Y in sich tragen, dann sollten wir uns die Fragen stellen, wie es dazu kommt und was wir tun können, um dies zu ändern. Agilität erfordert und verlangt die Selbstorganisation von einzelnen Mitarbeitern wie auch ganzen Teams – somit ist selbstorganisiertes Arbeiten quasi die Theorie Y in Reinform.

Wenn wir uns hier nicht selbst auf die Schliche kommen und nach einem ober- oder unterschwelligen Menschenbild der Theorie X agieren, werden wir immer wieder die Selbstorganisation verhindern. Die intrinsischen Ideen, Arbeitsansätze und Innovationen der Menschen im Unternehmen erhalten dann immer wieder einen Stopper vor die Nase gesetzt. In den meisten Fällen, die mir bekannt sind, geschieht das wahrlich nicht mit Absicht, aber es geschieht – und es hemmt. Die Einführung von Agilität beginnt immer in den Führungsebenen: Beim Hinterfragen des Menschenbildes, beim Erlernen und Anpassen des geeigneten Führungsstils und beim Umgang mit Fehlern.

Nicht nur am gleichen Strang ziehen – auch auf der gleichen Seite stehen!

Robert und seine vier Abteilungsleiter haben sich sehr intensiv mit der inneren Haltung zu ihren Mitarbeitern und ihrem damit zusammenhängenden Menschenbild auseinandergesetzt. Das war nicht immer ganz einfach, aber es war eine wichtige Grundlage, um letztlich alle für Roberts Ideen von seinem Unternehmen der Zukunft zu gewinnen.

Die Führungscrew war also schon an Bord und sich mit Robert, im Hinblick auf die künftige Ausrichtung des Unternehmens, einig. Nun galt es, die Mitarbeiter einzubinden. Ähnlich wie bei den Führungskräften haben wir ihnen im ersten Schritt Roberts Ideen für die Zukunft vorgestellt. Genau genommen waren es ja nicht mehr nur Roberts Ideen, sondern die der gesamten Managementebene. So waren fast immer auch alle fünf bei den initialen Workshops mit den Mitarbeitern dabei. Neben dem informativen Teil wurden Verständnisfragen beantwortet und auch das Stimmungsbild abgefragt. Besonders letzteres ist wichtig, um herauszufinden, wie die Mitarbeiter zu den zukünftigen Ideen und den daraus resultierenden Aktivitäten stehen. Die zentrale Frage ist dabei im Grunde: Wer zieht mit und wer noch nicht?

Dabei geht es nicht nur um das intellektuelle Verstehen, sondern vielmehr um die emotionale Bereitschaft und innere Haltung. Intellektuelles Verstehen lässt sich durch geduldiges Erklären erreichen. Eine emotionale Ablehnung hingegen wiegt schwerer. Denn sie hat meistens etwas mit Ängsten und Unsicherheit zu tun. Und beides lässt sich nicht einfach (weg)managen.

Ich will das an einem typischen Beispiel deutlich machen. Die Einführung von Agilität hat unumgänglich etwas mit Selbstorganisation zu tun, was in den meisten Fällen Teams betrifft. Hier tauchen zwei ganz häufige Phänomene auf. Zum einen bedeutet Selbstorganisation zwangsläufig, dass ein Team vollumfänglich für seine Leistung und seine Zielerreichung einsteht. Verantwortlich zu sein, und zwar im Ganzen und ohne Einschränkung, löst aber bei den meisten Menschen im ersten Moment Angst aus – Angst vor dem Scheitern und den damit zusammenhängenden Konsequenzen. Diese Befürchtungen verschwinden nicht durch einen freundlichen Klaps auf die Schulter und einen aufmunternden Spruch. In die Selbstorganisation und die damit zusammenhängende Verantwortung müssen Menschen hineinwachsen und dazu braucht es Zeit, Vertrauen, eine gute Fehlerkultur und Anleitung.

Ein zweites typisches Phänomen ist die Selbstorganisation eines Teams an sich. Ich habe sehr viele Führungskräfte erlebt, die mir in Bezug darauf sagten: »Bei uns arbeiten alle Teams und Mitarbeiter selbstständig.« Selbstorganisiert wird oft mit selbstständig verwechselt.

Lassen Sie mich das an einem simplen Beispiel deutlich machen: Ein Kind ist in den ersten Monaten seines Lebens weder selbstständig noch selbstorganisiert. Wenn es laufen lernt, wird es in der Hinsicht selbstständig, dass es ohne Hilfe von A nach B kommen kann. Damit ist es aber keineswegs selbstorganisiert.

Denn auch wenn dieses heranwachsende Kind irgendwann selbstständig allein in die Kita oder Schule gehen kann, bedeutet dies nicht, dass es zwangsläufig selbstorganisiert ist. Um Fragen zu klären wie: Wann stehe ich auf? Was muss ich mitnehmen? Wer kann mich gegebenenfalls fahren und wieder abholen?, bedarf es mehr als Selbstständigkeit. Es bedarf der Fähigkeit zur Selbstorganisation. Wir Menschen sind nicht von Geburt an selbstorganisiert. Vielmehr handelt es sich dabei um einen Entwicklungsprozess, den Menschen in individueller Weise durchlaufen. Wenn einem Menschen die Möglichkeit zur Selbstorganisation nicht gegeben (oder gar genommen) wird, dann erfordert es für diese Person schon recht massive Anstrengungen, um sie zu bewerkstelligen. Das ist beim Aufwachsen eines Menschen nicht anders als in seinem beruflichen Umfeld.

Grundsätzlich können wir aber feststellen, dass, wenn ein erwachsener Mensch sich in dieser Welt vollumfänglich selbst versorgen kann, er auch in der Lage ist, selbstorganisiert zu arbeiten. Allerdings wird den meisten Menschen in einer traditionellen Arbeitsumgebung die Möglichkeit zur Selbstorganisation gar nicht gegeben. Da stehen Millionen Menschen im privaten Umfeld vollkommen auf eigenen Beinen und an ihrem Arbeitsplatz gibt es dann jemanden, der ihnen sagt, was sie zu tun oder zu lassen haben. Zugegeben, vielleicht ein wenig überspitzt. Aber diese Betrachtung wirft die Frage auf, ob Menschen von sich aus nicht selbstorganisiert arbeiten können und wollen oder ob unsere Arbeitsumgebungen dies nicht fördern oder es gar verhindern.

Biologisch und soziologisch ist der Mensch ein soziales Wesen. Wie viele andere Primaten und Tiere lebt er in Gruppen und Gefügen, also beispielsweise Familien, Vereinen oder Teams.

Als soziales Wesen hat er ein grundsätzliches Bedürfnis nach Zugehörigkeit. Auch wenn dieses individuell unterschiedlich stark ausgeprägt ist, führt es doch dazu, dass wir meist lieber einer Gruppe angehören als aus ihr herauszufallen. Die Werbung macht sich diesen Umstand in vielfältiger Weise zunutze. Wenn sie etwa suggeriert, dass die Jeans einer bestimmten Marke ein angesagtes »Muss« ist, dann ist es der Zugehörigkeit zuträglicher, diese Hose deshalb zu tragen, weil alle es tun – und man anderenfalls riskiert, ins Abseits außerhalb der eigenen sozialen Gruppe zu geraten.

Gleichzeitig entwickelt jede soziale Gruppe eine Hierarchie: Ein Mitglied übernimmt eine Führungsrolle, die übrigen ordnen sich unter. In der Natur wird dieser Prozess meist über Kraft und Stärke geregelt. Wir Menschen haben die Möglichkeit, ihn bewusster zu gestalten, also bedacht festzulegen, wer die Verantwortung und Steuerung einer Gruppe übernimmt. Wenn wir diesen Vorgang nicht überlegt durchlaufen, spielt sich ein ähnlicher Prozess ab wie bei anderen Lebewesen – es gilt das Prinzip des Stärkeren. Allerdings mit dem Unterschied, dass wir uns nicht wirklich körperlich messen, sondern eher verbal. Mit anderen Worten: Wer die größte Klappe hat, übernimmt die Führung. Da kann inhaltlich der größte Mist verzapft werden, solange es nur laut und eindringlich genug kommuniziert wird, halten die meisten Gruppenmitglieder den Mund und ziehen den Kopf ein. Man will ja nicht außerhalb stehen und wenn die anderen nichts dagegen sagen …

So schauen Menschen in einem Gruppenverbund klassischerweise erst einmal nach jemandem, der voranmarschiert. Dies entspricht natürlich in keiner Weise dem Prinzip der Selbstorganisation. Es gilt also, für jedes

Team einen Entwicklungsprozess zu starten, der von den biologisch-soziologischen Automatismen zur Selbstorganisation führt und Unsicherheit in Sicherheit transformiert. Solche Entwicklungsprozesse müssen erreichen, dass Teams selbstverantwortlich ein gemeinsames Zielverständnis entwickeln und eigenverantwortlich Ziele fokussieren. Dass sie selbstbestimmt die eigene Steuerung übernehmen und maximal unabhängig von Führungsebenen werden. Dass sie genau wissen, welche Fähigkeiten, Stärken und Schwächen bei den einzelnen Teammitgliedern bestehen. Dass sie Vorgehensweisen eigenverantwortlich planen und umsetzen, und Rollen wie Aufgaben stärkenorientiert aufteilen, eigenverantwortlich Regeln für eine wirkungsvolle Zusammenarbeit gestalten und die teaminterne Kommunikation optimal gestalten können.

All diese Aspekte fallen den allermeisten Teams nicht einfach in den Schoß. Ein solcher Entwicklungsprozess wird überall eher einige Monate benötigen als Tage oder Wochen.

Roberts Mitarbeiter bekamen die Zeit, sich in die Selbstorganisation hinein zu entwickeln und tun es noch heute. Sie haben gelernt, die Verantwortung für Aufgaben und Ziele zu übernehmen, den Weg dorthin eigenverantwortlich zu gehen und ihre Ergebnisse sowie ihre Zusammenarbeit selbstkritisch zu hinterfragen. So arbeiten die Menschen in Roberts Unternehmen heute agil und damit selbstorganisiert. Vor allem deshalb, weil Robert und sein Managementteam den Mitarbeitern die Zeit eingeräumt haben, die sie für ihre Entwicklung benötigten. Und auch, weil Fragen geduldig beantwortet und mit Ängsten respektvoll umgegangen wurde. Dabei wissen alle Beteiligten, dass sie mit diesem Ansatz nicht einfach irgendwann fertig sind. Sie müssen immer wieder gemeinsam prüfen, was sie besser machen können und wie sie ihr Unternehmen der Zukunft gestalten können und wollen.

Noch ein Tipp zum Abschluss dieser Geschichte. Wenn Sie jemals bei der Einführung von Agilität auf Widerstände bei Mitarbeitern stoßen, dann suchen Sie nicht die Ursache bei den Mitarbeitern. Gehen Sie einfach davon aus, dass die Art und Weise, wie Sie das Ganze angehen, schlicht falsch ist und ändern Sie Ihr Vorgehen.

Widerstand ist immer ein Feedback zur Vorgehensweise und kein naturgegebenes Verhalten von Menschen.

Und gleich noch ein zweiter Tipp hinterher: Wenn Sie jemals hören, dass Menschen Verantwortung nicht übernehmen wollen, dann prüfen Sie bitte, ob diese Menschen überhaupt verstanden haben, was sie übernehmen sollen. In den meisten Fällen, die mir begegnet sind, wussten Menschen gar nicht genau, was man von ihnen wollte. Somit wurde etwas einfach abgelehnt, was weder bekannt noch jemals erlebt wurde. Sorgen Sie dafür, dass Menschen ein Gefühl für das erhalten, was Sie von ihnen möchten. Auch dafür braucht es Zeit.

2.

Die Suche nach der Führung im Heuhaufen

Wahre Führung entsteht dort, wo es keine Hierarchien gibt.

Frédéric Laloux

Manuela arbeitet als Scrum-Masterin in einem agilen Entwicklungsteam. In dieser Rolle kümmert sie sich darum, dass das Team sich auf seine Hauptaufgabe konzentrieren kann: die Entwicklung von Software. Manuela hält ihrem Team quasi den Rücken frei, indem sie störende Rahmenbedingungen löst, die die Teamproduktivität zu sehr beeinflussen oder gar einschränken. Zudem unterstützt sie das Team in seiner Selbstorganisation und hilft den Mitgliedern, ihre Zusammenarbeit, Vorgehensweisen und Methoden stetig zu verbessern.

Manuela ist im Team diejenige, die am wenigsten mit Softwareentwicklung und Technik »am Hut« hat. Nach einem erfolgreich absolvierten betriebswirtschaftlichen Studium hat sie jahrelang in Projekten gearbeitet, die sie zuletzt auch geleitet hat. Die Organisation und die Gestaltung von Rahmenbedingungen liegen ihr. Ein gutes grundlegendes Verständnis für technische Abläufe ermöglicht ihr dazu einen guten Überblick.

In Manuelas Team arbeiten sechs Entwickler, zwei Qualitätssicherer, ein Mitarbeiter, der sich um die Benutzerfreundlichkeit der Software kümmert und eine Kollegin für die Erstellung der erforderlichen Dokumentationen. Außerdem ein Produktmanager, der den Kontakt zu den Kunden hält und die Entscheidungen trifft, welche Produkteigenschaften entwickelt werden.

Das Team ist also crossfunktional aufgestellt und besteht mit Manuela aus zwölf Personen – eigentlich.

Denn innerhalb kurzer Zeit haben drei Entwickler das Team verlassen. Es hat bisher, so gut es eben ging, versucht, seine Leistungsfähigkeit hochzuhalten. Die Neueinstellung von Entwicklern ist zwar geplant, gestaltet sich allerdings schwierig und zieht sich mittlerweile eine ziemliche Zeit hin.

Manuela muss die neuen Entwickler nicht selbst suchen und finden, dafür hat das Unternehmen eine Recruitment-Abteilung. Aber sie ist bei den Vorstellungsgesprächen dabei und beurteilt, wie gut ein Bewerber in das Team passen könnte. Deren fachliche Eignung prüft Dieter, der Entwicklungsleiter und disziplinarische Vorgesetzte der insgesamt vier Entwicklungsteams.

Die beiden haben schon einige Bewerbergespräche geführt, aber so richtig hat bisher noch niemand überzeugen können. Einige Male waren die technischen Skills nicht ausreichend, und zweimal vermittelten die Bewerber den Eindruck, als würden sie nicht wirklich mit dem Team harmonieren können. So arbeitet Manuelas Team seit fast vier Monaten in zunehmend reduzierter Besetzung: zuerst mit fünf Entwicklern, dann mit vieren und seit fünf Wochen nur noch mit dreien.

Mittlerweile wird nicht nur deutlich, dass das Team immer langsamer vorankommt, auch die Stimmung sinkt merklich. Manchmal wird der Ton gereizt und die regelmäßige Reflexion möglicher Verbesserungen fixiert sich zunehmend auf das Aufstocken des Entwicklungspersonals.

»Frag doch nicht immer nach Verbesserungen! Wie sollen wir uns verbessern, wenn wir nur mit halber Kraft entwickeln können. Seht zu, dass ihr Leute an Bord kriegt, das ist die einzige Verbesserung, die zählt!«, hat Piet, einer der Entwickler, neulich ziemlich harsch zu Manuela gesagt. Im Grunde muss sie ihm zustimmen: Die Lage ist inzwischen ziemlich belastend und in Teilen sogar frustrierend für das Team.

»Wir müssen da dringend ran, das geht so nicht mehr. Wir haben drei Entwickler zu wenig und dadurch, dass wir so wenig produzieren, haben unsere Qualitätssicherer viel zu wenig zu tun. Das führt zu einer Überlastung auf der einen Seite und zu einer Unterforderung auf der anderen. Die Unzufriedenheit steigt auch zusehends und wir können das nicht mehr richtig kompensieren. In einem Parallelteam fehlt ein Qualitätssicherer und die haben nominell zwei Entwickler zu viel. Von den Skills her passt das, aber wir dürfen partout nicht tauschen. Dieter beharrt darauf, dass wir alles über Neueinstellungen lösen. Er denkt, dass wir zu viel Unruhe in die Teams bringen und befürchtet, dass die Teams durch einen internen und vielleicht nur temporären Austausch von Leuten durcheinandergeraten und die Performance von allen Teams sinkt. Alles in allem dauert das Suchen aber zu lange. Bis das abgeschlossen ist, ist mein Team kaputt!« So schildert mir Manuela ihre Sicht der Dinge in unserem ersten Gespräch.

Auf mein Nachfragen berichtet Manuela, dass sie bereits drei Vorstöße unternommen habe, um mit Dieter über einen Tausch von Mitgliedern der beiden Teams zu sprechen – ohne Erfolg. Beim letzten Mal sei sie eigentlich schon mit sehr wenig Hoffnung in die Diskussion gegangen und habe ihre Argumente wohl auch nur noch halbherzig vorgebracht. Eine gewisse Resignation schwingt bei diesen Worten deutlich mit.

Wie gute Absichten auch blockieren können

Schilderungen wie diese sind im ersten Moment immer mit etwas Vorsicht zu betrachten. Denn Manuela waren ihre Emotionen anzumerken – bei ihr, wie übrigens in den meisten Fällen, ein Ausdruck besonderen Engagements. Als ich ihr vorschlug, dass ich bei Dieter einmal nachhake, um ein vollständiges Bild zu erhalten, willigte sie sofort ein.

Dieter bestätigte in unserem Gespräch die von Manuela beschriebenen Bedenken. »Wir finden die neuen Leute schon, es ist ja nicht so, dass wir nicht mit Hochdruck suchen würden. Wenn wir jetzt intern Leute tauschen, dann müssen die sich wieder in neue fachliche Dinge hineindenken und in der Vergangenheit ist das auch nie so richtig auf positive Resonanz gestoßen, wenn wir das mal machen wollten. Das steigert die Unzufriedenheit doch noch mehr und am Ende habe ich mindestens zwei unzufriedene Teams und nicht nur eins. Schlimmstenfalls färbt das dann auf die anderen

Teams auch noch ab und ich habe hier das größte Durcheinander. Nee, nee, wir machen das über die Neubesetzungen, das ist mir lieber.«

Diese Gedankengänge waren durchaus nachvollziehbar und nicht von der Hand zu weisen. Gleichzeitig hatten sie aber ein Manko. Die Umgebung, in der Dieters Teams arbeiteten, war auf möglichst hohe Selbstorganisation ausgelegt. Alle Beteiligten - die Teams, Dieter selbst und auch die weiteren Managementebenen - waren große Befürworter dieser Arbeitsweise.

In der Zusammenarbeit von Dieter und Manuela fand sich der Ansatz der Selbstorganisation aber nicht wieder. Es war eher ein klassisches Modell von Führungskraft und Mitarbeiterin: Manuela hat gemeinsam mit ihrem Team eine Idee und fragt daraufhin Dieter. Der entscheidet dann allein, ob die Idee umgesetzt wird oder nicht. Ein Prozedere, das weder gut noch schlecht ist. Es ist aber in sich nicht selbstorganisiert. Im schlimmsten Fall verhindert es Selbstorganisation sogar.

In hybriden Umgebungen kommt auf dem Weg zur Selbstorganisation fast immer der Zeitpunkt, an dem der Entwicklungsprozess der gesamten Organisation ins Stocken gerät. Das ist ein ganz normales Phänomen, das in der Regel sogar mehrfach während des Wandels dorthin und an unterschiedlichen Stellen auftritt. Dieter und Manuela befanden sich augenscheinlich in einer solchen Situation.

Wenn sich Unternehmen oder Organisationen innerhalb von Unternehmen für die Selbstorganisation von Teams und Mitarbeitern entscheiden, dann sind die Steigerung der Performance und die Übertragung von mehr Verantwortung auf Mitarbeiter und Teams ein wesentliches Motiv. Das ist gut und richtig. In vielen Fällen wird allerdings vergessen, dass mit der Übertragung von Verantwortung auf die eine Seite auch die konsequente Abgabe von Verantwortung auf der anderen Seite erfolgen muss. Im Idealfall vollziehen sich beide Aspekte in einer Art Gleichschritt und mit gleichmäßiger Bewegungsgeschwindigkeit. Es ist, poetisch ausgedrückt, wie bei einem

Tanz: Macht der eine Partner eine Bewegung, passt sich ihm der andere in Richtung und Tempo an. In der Berufspraxis geht es leider selten so einfach vonstatten. Denn häufig kommt es nicht nur zu Unstimmigkeiten über beides, sondern vor allem darüber, wer führt.

In unserer tradierten Sozialisierung ist festgelegt, wer den ersten Schritt macht, wohin und mit welcher Geschwindigkeit getanzt wird. Darauf sind die Partner in der Regel geeicht. Wenn es um Selbstorganisation geht, geben meist die Vorgesetzten zuerst Verantwortung ab und erwarten dann, dass die Teams sie sofort übernehmen.

Dabei konnte ich immer wieder beobachten, dass die Verantwortung aber gerade im ersten Schritt entweder viel zu umfänglich ist und/oder viel zu schnell übertragen wird. Das führt dann dazu, dass Teams mit der Verantwortungsübernahme nicht sofort zurechtkommen – und aus Sicht der abgebenden Leitungskräfte nicht bereit dazu erscheinen. Bei genauer Betrachtung verhält es sich allerdings anders: In den meisten Fällen sind die Teams durchaus gewillt, Verantwortlichkeiten zu übernehmen, können aber in ihrem Entwicklungsprozess mit der übertragenen Menge und/oder der erwarteten Geschwindigkeit noch nicht entsprechend umgehen.

Der Eindruck des Nicht-übernehmen-Wollens löst bei den meisten Vorgesetzten einen typischen Reflex aus: die Verantwortung zurückzuholen und bei sich zu behalten. Dies wiederum wird von Teams als mangelnde Bereitschaft gewertet, Verantwortung abzugeben. Im Grunde wollen also beide Seiten dasselbe, orientieren sich aber an ihren subjektiven Wahrnehmungen und behaupten vom jeweils anderen, er sei zur Übernahme beziehungsweise Übergabe nicht bereit – ein kleiner Teufelskreis.

Wenn wir hier von Verantwortung sprechen, dann bezieht sich dies in den allermeisten Fällen auf die Verantwortung für Aufgaben und Handlungsschritte. Die Gesamtverantwortung für ein Unternehmen oder eine Organisation bleibt in nahezu allen Fällen in der Hand von disziplinarischen Führungskräften. Vereinfacht kann man sagen, dass sie die Ziele und Richtungsvorgaben verantworten, also das Was. Die Verantwortung von selbstorganisierten Teams liegt dann im Bereich der Umsetzung und Durchführung: dem Wie. Dieser Teil der Verantwortung kann ebenso vollumfänglich von selbstorganisierten Teams übernommen werden wie die für die erzielten Ergebnisse.

In der Praxis finden wir nur sehr selten Organisationen, die den Begriff »Selbstorganisation« derart uneingeschränkt praktizieren und sowohl das Was als auch das Wie auf Teams übertragen und sie mit der kompletten Gesamtverantwortung beauftragen. Bei der zuvor beschriebenen Form der Selbstorganisation – das Was kommt von Seiten einer Führungsebene, das Wie wird vollständig vom Team verantwortet – handelt es sich quasi um einen hybriden Ansatz, der in der Praxis sehr praktikabel ist.

In den Gesprächen mit Dieter wurde sehr schnell deutlich, dass er die Entwicklung hin zur Selbstorganisation wirklich wollte und auch bereit war, diese zu fördern. Gleichzeitig war ihm aber manchmal aufgefallen, dass die Umsetzung nicht so richtig klappte. »Bei einigen Themen merkt man einfach, dass die Teams die Verantwortung nicht wollen. Die kümmern sich dann nicht und am Ende muss ich es doch wieder machen«, beklagte er sich und zählte Beispiele auf. Diese Erfahrungen hatten bei Dieter deshalb dazu geführt, dass er mit der Übertragung von Verantwortlichkeiten auf die Teams etwas vorsichtig geworden war. So behielt er sich dann auch konsequent viele Entscheidungen vor, ohne sich darüber bewusst zu sein, dass er mit diesem Verhalten seinen Teil dazu beitrug, die Weiterentwicklung zur Selbstorganisation zu bremsen oder gar zu stoppen.

Manuela wiederum konnte einige der von Dieter beschriebenen Beispiele bestätigen, in denen die Teams tatsächlich nicht glücklich agiert hatten. »Wir haben dann manchmal nicht gewusst, wie wir da rangehen sollen. Oder wir haben die unterschiedlichen Meinungen im Team nicht unter einen Hut bringen können. Und dann haben wir da halt für einige Sachen recht lange gebraucht – zu lange. Oder wir haben von uns aus Rat bei Dieter gesucht, was sicherlich auch nicht gerade vertrauensfördernd war. Wir wollen aber wirklich mehr in die eigenen Hände nehmen und mehr mitgestalten. Ich bin auch fest davon überzeugt, dass wir Verantwortung synchronisieren.«

Verantwortung synchronisieren

So waren also beide Seiten in ihrem Entwicklungsprozess zur Selbstorganisation ein wenig festgefahren. Selbstorganisation erfordert eine spezielle und konsequente Führungskultur. Manuela und Dieter haben in dieser Situation damit begonnen, ein besseres gemeinsames Verständnis für ihre Rollenverteilung zu erarbeiten und ihre Zusammenarbeit sauberer miteinander abzustimmen. In erster Linie war dabei wichtig, dass beide ein gemeinsames Verständnis darüber erlangten, wie weit die Selbstorganisation und Eigenverantwortung der Teams reichen sollte. Was im ersten Moment vielleicht banal klingen mag, vollzieht sich in der Praxis in durchaus unterschiedlichen Ausprägungen – insbesondere in Bezug auf den Grad der Umsetzungsverantwortung, das heißt in welchem Umfang Teams selbst entscheiden dürfen und sollen, wie sie zu einem Ergebnis kommen. Sehr grob kann man dies bei einem hybriden Ansatz der Selbstorganisation in drei aufeinander aufbauenden Varianten beschreiben:

Erstens: Die Führungskraft entscheidet die Richtung (das Was) und die Vorgehensweise (das Wie). Sie holt die Meinung des Teams ein, um dann final über die Vorgehensweise zu entscheiden. Dies entspricht sehr stark einem traditionellen Führungsverständnis und stellt eine sehr schwache Form der Einbindung und Beteiligung dar. Diese Variante ergibt aber Sinn, wenn die Selbstorganisation von Teams noch nicht so ausgeprägt ist und diese Entwicklung noch stark von außen angestoßen werden muss.

Zweitens: Die Führungskraft entscheidet die Richtung (das Was) und das Team macht Vorschläge für die Umsetzung (das Wie). Schlussendlich entscheidet die Führungskraft über die Vorgehensweise.

Auch diese Variante hat noch sehr traditionelle Züge eines Führungsverständnisses, selbst wenn die Einbindung des Teams schon stärker ist. Sie erfordert allerdings deutliche Signale seitens des Teams, sich mit einer Aufgabe oder einem Problem inhaltlich auseinandersetzen zu wollen. Deshalb ist diese Variante dann gut geeignet, wenn ein Team bereits einen gewissen Grad von Selbstorganisation erreicht hat, seine Arbeitsweise aber noch nicht gefestigt ist oder es in Teilen noch die Übernahme von Verantwortung scheut.

Drittens: Die Führungskraft entscheidet über die Richtung (das Was) und legt die erforderlichen Rahmenbedingungen fest. Das Team entscheidet vollumfänglich und autark über die Umsetzung und Vorgehensweise (das Wie). Es lässt sich final am Ergebnis messen und übernimmt somit auch die alleinige Verantwortung dafür. Trotz einem bereits vorhandenen, starken Maß an Selbstorganisation, stellt diese Variante in der Umsetzung aber auch die größte Herausforderung für alle Beteiligten dar.

Es gibt noch eine vierte Variante, die aber eher theoretisch ist: die schon zuvor erwähnte komplette und vollumfängliche Übernahme der Verantwortung für das Was und das Wie durch das Team. Diese Variante ist in unserer Gegenwart allerdings nur in wenigen Organisationen zu finden und nur unter sehr speziellen Bedingungen denkbar.

Wenn wir uns den hybriden Ansatz als pragmatisches Ideal für selbstorganisiertes Arbeiten ansehen, entdecken wir einige Herausforderungen, die in den Bereich der Führungskultur gehören.

Ob nun bewusst geschaffen oder mit der Zeit gewachsen: Kultur ist immer! Deshalb kann man auch nicht einfach eine Kultur beschließen oder verändern, sondern lediglich am System einer Organisation arbeiten, wodurch sich Kultur wiederum wandelt oder neu entsteht. Wenn wir für ein höheres oder hohes Maß an Selbstorganisation also eine andere Kultur brauchen, müssen wir das System der Organisation betrachten und verändern. In Bezug auf eine Führungskultur muss sich also das Rollenverständnis von Führung und der Führungspersonen ändern.

Für Mitarbeiter von Teams bedeutet das, ihre Haltung und ihre persönlichen Fähigkeiten dahingehend zu entwickeln, dass sie zur Übernahme von sehr ausgeprägter Verantwortung bereit sind. Das klingt einfach, ist in der Praxis aber ein recht umfangreicher Schritt für jeden einzelnen. Denn die Bereitschaft zur Übernahme von Verantwortung muss frei sein von der Angst, Fehler zu machen und dafür bestraft zu werden. Im Guten wie im Schlechten: Verantwortung beinhaltet letztlich immer auch Konsequenz. Und im Falle von Fehlern darf die Konsequenz nicht Strafe, sondern sollte vielmehr gemeinsames Lernen bedeuten.

Parallel dazu muss sich das gesamte Team einem entsprechenden Entwicklungsprozess stellen. Es muss lernen, gemeinsam Verantwortung zu tragen, auch wenn Teammitglieder über völlig unterschiedliche Fähigkeiten und Erfahrungen verfügen. Dabei ist zu berücksichtigen, dass die jeweiligen Teammitglieder für diese Entwicklung unterschiedlich lange brauchen.

Ich habe solche Prozesse oft begleiten dürfen und kann aus Erfahrung sagen, dass das individuelle als auch kollektive Hineinwachsen in Verantwortung seine Zeit braucht – und man in einer Größenordnung von mehreren Monaten rechnen sollte.

Darüber hinaus muss sich auch eine konstruktive Fehlerkultur zwischen Führungsebene und Team entwickeln. Das ist ohne gegenseitiges Vertrauen kaum denkbar. Denn eines ist sicher: Im Prozess der Übergabe und

Übernahme von Verantwortung werden fast zwangsläufig Fehler auftreten. An manchen Stellen geht es zwei Schritte voran und dann wieder einen Schritt zurück. Manchmal kommt es für einen kurzen Zeitraum sogar zu einem Stillstand. Diese Dinge müssen alle gemeinsam aushalten, durchstehen und als normales Phänomen der gemeinsamen Weiterentwicklung ansehen können. Wenn sich in dieser Zeit nicht Toleranz füreinander und Vertrauen zueinander aufbauen, dann wird keine konstruktive Fehlerkultur entstehen. Und ohne konstruktive Fehlerkultur funktioniert keine Übernahme von Verantwortung.

Genauso wichtig ist, dass alle Beteiligten die Überzeugung, das Ziel des selbstorganisierten Arbeitens erreichen zu können, wirklich leben. Wenn beim kleinsten Anzeichen von Schwierigkeiten einzelne Teile der Organisation den Rückzug antreten und die Flinte ins Korn werfen, dann ist die Grundlage für ein gemeinsames Hineinwachsen in Selbstorganisation nicht gegeben und ein Scheitern vorprogrammiert. Selbstverständlich ist kritisches Hinterfragen durch alle Beteiligten in allen Phasen des Prozesses richtig und auch wichtig. Entscheidend ist dabei aber immer die zugrunde liegende Motivation: Wollen wir dadurch lernen, um das Ziel besser zu erreichen – oder wollen wir das Ziel an sich immer wieder infrage stellen? Diese Motive sollten jedem bewusst sein.

Natürlich müssen sich auch Führungskräfte weiterentwickeln. Gerade von ihnen ist ein neues Verständnis ihrer Rolle gefordert. Viele Aufgaben und Verantwortlichkeiten werden in der Selbstorganisation an die Teams übertragen. Was bleibt da noch für die Führungskraft? Wofür ist sie noch wichtig? Wer braucht sie noch?

Vorgesetzte werden natürlich sehr wohl gebraucht, allerdings weniger für das Management, sondern mehr für Führungsaufgaben. Mitarbeiter müssen jetzt weiterentwickelt werden, Rahmenbedingungen, in denen einzelne und Teams sich optimal entfalten und vernetzen können, geschaffen, das Selbstbild von einer anweisenden hin zu einer unterstützenden Führungskraft definiert werden. Kleinigkeiten, meinen Sie? Ich meine: ganz und gar nicht.

Denn Führungskräfte sind in der heutigen Zeit so massiv mit Managementaufgaben beschäftigt, dass eigentliches Führen und Weiterentwickeln von Mitarbeitern oft zu kurz kommen. Zwar besteht oft der subjektive Eindruck, es würde geführt, aber vom Aufwand und Umfang her ist das meilenweit von dem entfernt, was Selbstorganisation verlangt.

Ein verändertes Führungsverständnis

Das neue Führungsverständnis ist ein Fulltime-Job, so viel steht fest. Es braucht Führungskräfte, die tatsächlich den meisten Teil ihres Arbeitstages als FÜHRUNGskraft aktiv sind. Und dabei müssen sie konsequent agieren, denn entweder wird Verantwortung übertragen oder eben nicht – dazwischen gibt es nichts. Halb und halbherzig übertragen geht nun mal nicht. Ein radikaler Schritt für viele.

Zusammengefasst sollten Sie sich also immer wieder vor Augen führen: Die Entwicklung zur Selbstorganisation verlangt allen Beteiligten eine hohe Sensibilität ab. Die Bereitschaft zur bedingungslosen Verantwortungsübernahme durch das Team muss in einem gleichmäßigen, parallel verlaufenden Tempo von Verantwortungsabgabe seitens der Führung wachsen. Das aber erfordert ein entsprechendes Maß in der Menge der zu übergebenden Verantwortung und der Größe der jeweiligen Schritte. Der gesamte Prozess vollzieht sich in unterschiedlichen, schnelleren oder langsamen Phasen, in denen Fehler passieren und es an einigen Stellen manchmal so aussehen wird, als würde nichts vorangehen.

Wenn an diesen ganzen beschriebenen Punkten nicht ein gleiches Verständnis vom Zielzustand der Selbstorganisation besteht, kommt es zu unnötigem Frust und in vielen Fällen zur vorzeitigen Aufgabe oder gar einem reflexartigen Rückfall in die traditionelle Führungskultur.

Neben einem gemeinsamen Zielbild war es für Manuela und Dieter deshalb wichtig, einen gemeinsamen Überblick und damit ein gemeinsames Verständnis von den Verantwortlichkeiten zu erarbeiten und festzulegen, wie die Aufteilung erfolgen sollte.

Sie begannen, alle Aufgaben und Verantwortlichkeiten zu definieren und den bestehenden Status der Verantwortung festzuhalten. Im Hinblick auf ihr Zielbild wurden dann Ideen entwickelt, welche Aufgaben und Verantwortungen in welcher Reihenfolge und zu welchem Zeitpunkt an das Team übergeben werden sollten.

Die Zeitachse wurde natürlich unter der Voraussetzung geplant, dass der jeweils vorherige Schritt erfolgreich implementiert wurde und die Teams für den nächsten bereit waren. Es war also keine in Stein gemeißelte Planung, sondern vielmehr ein flexibles Timing, das immer wieder an die realen Gegebenheiten angepasst wurde. Dabei agierte Manuela natürlich in enger Abstimmung mit ihrem Team, um dieses zu involvieren und dessen Interessen entsprechend zu vertreten.

Ein weiterer wichtiger Nebeneffekt für beide war darüber hinaus, dass sie einen tieferen Einblick in die »Welt des anderen« erhielten. Und zwar sowohl in seine Rolle als auch seine persönlichen Denkweisen. Manuela und Dieter hat es enorm geholfen, aus dem gemeinsamen Zielbild auch ein gemeinsames Arbeiten und eine gemeinsame Führungskultur zu entwickeln.

Alle Beteiligten haben sehr umfangreich an ihren inneren Haltungen gearbeitet und, nach einem anfänglich eher niedrigen Tempo, recht schnell Fahrt aufgenommen. Die Selbstorganisation schritt zunehmend zügiger voran und die Teams konnten sehr viel besser einschätzen, welche Themen sie zu welchem Zeitpunkt in die Eigenverantwortung übernehmen wollten. Dieter fasste sehr rasch Vertrauen in den Übergabeprozess und ließ die Teams mehr und mehr gewähren. Eine der ersten Aufgaben, die in die Verantwortung der Teams gegeben wurde, war dann auch die Organisation des Teamwechsels eines Entwicklers sowie eines Mitarbeiters aus der Qualitätssicherung – so, wie es Manuela und ihr Team ganz ursprünglich vorgesehen hatten.

Die beteiligten Teams brauchten zunächst zwar einige Zeit, bis sie sich in diesem Punkt einigen konnten. Die schließlich gefundene Lösung bewerteten dann aber alle als positiv. Sie führte zu einer deutlichen Entlastung von Manuelas Team und wurde so lange weitergeführt bis – übrigens sehr viel später – alle offenen Stellen besetzt waren.

Gemeinsam hatten alle Beteiligten einen großen Schritt zur Selbstorganisation getan und eine neue Art von Führungskultur etabliert. Ein außergewöhnlich gutes Ergebnis, an dem alle noch heute weiterarbeiten, um es aufrechtzuerhalten und kontinuierlich zu verbessern.

3.

Vom ewigen Managen zum ersehnten Sinnstiften

Wenn man immer geführt wird, hat man keine Chance zu erfahren wie es ist, sich selbst zu führen.

Gerald Hüther

Dass sich die Zusammenarbeit von Manuela und Dieter mittlerweile sehr gut entwickelt hat, liegt auch an einem deutlichen Wandel in Dieters Führungsverhalten. Er hat sich intensiv mit seinen inneren Überzeugungen auseinandergesetzt und zunehmend das Bild der bereits beschriebenen Theorie Y nach McGregor von leistungsbereiten, selbstmotivierten und zur Selbstorganisation fähigen Mitarbeitern übernommen. In den eineinhalb Jahren, die Dieter und ich nun miteinander arbeiten, hat er in dieser Hinsicht eine wichtige Entwicklung gemacht und kann heute von sich sagen, dass er Selbstorganisation in seinen Teams fordert und auch fördert.

Mit seiner inneren Haltung musste Dieter zwangsläufig auch seinen Führungsstil ändern. Zum einen geschah dies nahezu automatisch, weil er seine gewohnten Verhaltensmuster nun selbst als inkongruent empfand und recht unglücklich damit war. Zum anderen hat Dieter in unserer Zusammenarbeit neue Impulse und Ideen für den Umgang mit seinen Mitarbeitern gewonnen. Nicht zuletzt war er bereit, Dinge auszuprobieren und damit aus seinen üblichen und manchmal lieb gewordenen Vorgehensweisen auszuscheren. Er hat Anregungen übernommen und verworfen, aber er war immer offen dafür, sich als Führungskraft weiterzuentwickeln.

»Für mich hat die steigende Selbstorganisation der Teams ja ganz schöne Konsequenzen im Umgang mit meinen Mitarbeitern – das war mir bisher gar nicht so klar!« So begann Dieter vor knapp eineinhalb Jahren ein Gespräch, als wir uns in der Kaffeeküche trafen.

Auf meine Nachfrage, was genau er damit meine, antwortete er: »Na ja, ich kann ja nicht mehr einfach so reingrätschen, wenn irgendetwas nicht läuft. Das ist ja dann nicht Selbstorganisation, oder? Und wenn die Mitarbeiter Fragen haben, dann ist das ja auch nicht so richtig geschickt, wenn ich ihnen die Antworten so einfach zuwerfe, selbst wenn ich die kenne. Eigentlich bin ich ja auch gar nicht mehr so richtig der Chef. Also eigentlich schon, aber irgendwie auch nicht. Ich muss den Mitarbeitern ja auf Augenhöhe begegnen, weil sie ja auch irgendwie selbst der Chef für sich sind. Das ist echt nicht so einfach. Ich merke das jeden Tag, wie oft ich falsch handle, wenn ich mir nicht immer wieder bewusst mache, wo ich mit den Mitarbeitern und Teams hinwill. Das ist echt nicht so einfach und ich kann mit einer kleinen Reaktion unheimlich viel falsch und vieles wieder kaputtmachen, was wir bis dahin erreicht haben. Das bedeutet für mich, dass ich unheimlich viel über mein Führungsverhalten nachdenken muss, viel mehr als ich es bisher gemacht habe. Ich bin es ja, der die Mitarbeiter weiterentwickeln muss oder sie vielmehr in ihrer Weiterentwicklung unterstützen muss. Das ist eigentlich ein Fulltime-Job, die Zeit habe ich meistens gar nicht. Das ist wirklich eine Mega-Aufgabe, aber irgendwie auch spannend.«

Dieter war anzumerken, wie sehr ihn das Thema beschäftigte. Das Beeindruckende war, dass er vor diesen Veränderungen und Neuerungen nicht einfach die Augen verschloss. Vielmehr war er bereit, sich mit den unterschiedlichen Aspekten auseinanderzusetzen und die Selbstorganisation seiner Teams mit einer neuen Führungshaltung und einem passenden Führungsstil zu begleiten.

Augenhöhe ergibt Sinn

Dieter hat damals erfasst, dass Selbstorganisation auch eine Frage des Zu- und des Loslassens ist – und sehr viel mit Vertrauen zu tun hat. Abgesehen von der grundsätzlichen Haltung, ob Mitarbeiter aus sich selbst heraus leistungsbereit und motiviert sind (Theorie Y nach McGregor), gibt es einen zweiten Gesichtspunkt, der für die Führungskultur in der Selbstorganisation unerlässlich ist und den Dieter in seinen damaligen Gedanken angeschnitten hatte: Augenhöhe.

Dieser scheinbar so klare und einfache Begriff hat in der Praxis eine enorme Wirkung und bedingt wichtige Konsequenzen im Handeln von Führungskräften. Er hatte auch in Dieters Situation zwangsläufig eine andere und neue Führungskultur zur Folge. Schauen wir uns einmal einige Aspekte genauer an, die er in seiner Aussage »... ich muss den Mitarbeitern ja auf Augenhöhe begegnen ...« so treffend formuliert hat.

In der traditionellen Auffassung von Führung ist eine Führungskraft die Person, die fachlich am meisten weiß und/oder Erfahrung zu einem Themengebiet besitzt. Selbst in unserer heutigen Zeit ist die fachliche Kompetenz immer noch ein wesentliches Auswahlkriterium für die Besetzung von Führungspositionen. Weil sie mehr weiß, sollen Mitarbeiter ihre Führungskraft ansprechen oder fragen, wenn sie nicht weiterkommen.

Über viele Jahrzehnte hat dieses klassische Modell gut funktioniert. Immer mehr Führungskräfte stoßen mit dieser Haltung allerdings jetzt an ihre Grenzen. Denn die Rahmenbedingungen, unter denen wir heute arbeiten, sind dafür viel zu umfangreich, vielschichtig und komplex geworden. Führungskräfte müssten schon der oft beschworenen Eier legenden Wollmilchsau entsprechen, wenn sie dieser traditionellen Sichtweise noch gerecht werden wollten. Darüber hinaus hat ein solches Bild dazu geführt, dass Mitarbeiter vielfach zu Vorgesetzten »aufblicken« und diese wiederum auf sie »herabsehen«. Und damit geht oftmals die unbewusste innere Haltung einher, dass Mitarbeiter bestimmte Zusammenhänge nicht verstünden beziehungsweise weniger Talent hätten, sie in für das Unternehmen sinnvolle Handlungen umzusetzen. Das könnten halt nur Führungskräfte und dazu sei eben nicht jeder geboren.

Mittlerweile leben wir in Zeiten, in denen zumindest verbal oft bekundet wird, dass man Mitarbeitern viel zutraut und sie das höchste Gut eines Unternehmens sind. Dass dies in der Praxis weitaus seltener gelebt wird, mag ein Beispiel verdeutlichen. Ich bin nicht sicher, wie oft ich in Leitungsebenen den Satz gehört habe: »Das Wichtigste ist, dass Mitarbeiter unternehmerisch denken und handeln.« Ich begegne diesen Gedankengängen mittlerweile mit der Aufforderung, Mitarbeitern dann doch bitte auch alle Informationen zugänglich und transparent zu machen, die für unternehmerisches Denken erforderlich sind – und wie sie der Geschäftsführung zur Verfügung stehen.

Dazu gehören beispielsweise alle strategischen, politischen und marktrelevanten Inhalte, aber auch die vollumfängliche Transparenz bei betriebswirtschaftlichen Zahlen und Informationen. In meinem persönlichen Umfeld habe ich noch nie erlebt, dass dieser Idee gefolgt wurde. Merkwürdig, nicht? Erst unlängst habe ich in einer Geschäftsführungssitzung folgende Aussage gehört: »Wir können nicht alle Zahlen offenlegen. Wenn klar ist, wie viel Gewinn wir erwirtschaftet haben, dann wollen die Mitarbeiter beteiligt werden, das geht doch nicht!« Das ist leider kein Einzelfall. An einer solchen Stelle ist es mit der Augenhöhe dann schnell wieder vorbei.

Der Aufforderung zum unternehmerischen Denken wird in der Praxis kaum ein Mensch folgen, wenn er nicht involviert ist oder wird. Aus der Hirnforschung wissen wir, dass das Gefühl von Zugehörigkeit und Verbundenheit, gepaart mit der Möglichkeit zum Mitgestalten, eine enorme Kraft freisetzt und bei Mitarbeitern zu größerer Motivation, Leistungsbereitschaft und Bindung ans Unternehmen führt. Und das alles ohne irgendwelche Incentives oder äußere Anreize, sondern aus freien Stücken und aus sich selbst heraus.

Das Gefühl, ein Teil von etwas zu sein, daran mitwirken und mitgestalten zu können, löst emotional etwas Vergleichbares aus, wie wir es aus dem privaten und familiären Umfeld kennen. Dazu ein Zitat, welches ich von einem Mitarbeiter hörte, als es um eine Prämie zum Thema »Mitarbeiter werben Mitarbeiter« ging: »Ich will dafür kein Geld haben, wenn ich meinen Arbeitgeber empfehle. Das tue ich aus Überzeugung.«

Eine solche Atmosphäre der Zusammenarbeit ist wieder eine Frage von Augenhöhe. Und diese beginnt immer auf Seiten der Führungskräfte. Erst wenn sie bereit sind, ihr traditionelles Bild von Führung und Führungskultur zu überdenken und voranzugehen, entsteht die Basis für eine Kultur, in der Mitarbeiter sich weiterentwickeln und sich für den Erfolg ihres Unternehmens massiv einbringen wollen, also bereit sind, unternehmerisch zu denken und zu handeln. In einer solchen Kultur der Augenhöhe wachsen MITarbeiter. Bei mangelnder Augenhöhe finden wir viel häufiger ABarbeiter. Weil mitdenken nicht gewollt, ermöglicht oder gefördert wird. Selbstorganisiertes Arbeiten mit ABarbeitern ist aber undenkbar.

In einer Atmosphäre der Augenhöhe gibt es kein traditionelles »oben« oder »unten« mehr, sondern nur noch Menschen, die in einem Organigramm eine unterschiedliche Position einnehmen, in ihrer Zusammenarbeit aber ein einheitliches Verständnis von Zielen, Vorgehensweisen und der Verteilung von Verantwortung haben. Das ist Augenhöhe.

Augenhöhe hat aber auch immer etwas mit einer Kultur des konsequenten Weiterentwickelns zu tun. Damit meine ich nicht die Fortbildungsprogramme, die von Personalabteilungen angeboten und organisiert werden. Natürlich haben solche Veranstaltungen ihre Berechtigung und sind wichtig. Sie können aber in den meisten Fällen nicht für die Weiterentwicklung von Erfahrung sorgen. Das ist nur im engen Kontakt mit Menschen möglich, durch gemeinsames Erleben von Erfahrungen und den Austausch von Erfahrungen und durch die Unterstützung von denjenigen, die Erfahrungen haben.

Diese Art von Weiterentwicklung ist in einem traditionellen Führungsverständnis nahezu nicht existent. Warum ist das so? Wenn wir uns die Begriffe »Management« und »Führung« anschauen, dann ist mit Management der organisatorische Teil von Verantwortung gemeint. Also alles, was planen, kontrollieren, budgetieren, koordinieren oder dokumentieren umfasst. Führung dagegen hat mit dem Leiten des Unternehmens oder eines

Bereiches zu tun und vor allem mit dem Führen von Menschen. Letzteres kommt seit Jahrzehnten im Alltag von Führungskräften aber massiv zu kurz. Wie auch, wenn der weitaus größte Teil ihrer Zeit mit Meetings, E-Mails und Managementaufgaben vollgestopft ist? Damit ist die Verantwortung für die Weiterentwicklung von Mitarbeitern kaum noch Bestandteil des Alltages und führt zwangsläufig zu mangelnder Augenhöhe, weil sie beispielsweise an die Personalabteilung delegiert wird. Vorausgesetzt, es gibt eine Personalabteilung. Anderenfalls bleibt sie dann wohl ganz auf der Strecke.

Menschen weiterzuentwickeln bedeutet mehr, als in Seminaren und Workshops Wissen zu vermehren. Augenhöhe basiert aber nicht nur auf Wissen, sondern ganz wesentlich auf dem Teilen von Erfahrung, dem gemeinsamen Wachsen an Herausforderungen und dem kontinuierlichen Miteinander-besser-Werden. In der Praxis heißt das, zusammen darauf zu schauen, wer was gut kann, wer sich wie weiterentwickeln möchte und wie die erforderlichen Rahmenbedingungen dafür geschaffen werden können. Weiterentwicklung hängt dann nicht mehr vom Wohlwollen einiger weniger ab oder gar von Budgets.

Weiterentwicklung auf Augenhöhe ist fester Bestandteil der gemeinsamen Arbeit – jeden Tag.

Das Vorhandensein von Augenhöhe wird auch im vorherrschenden Sprachgebrauch deutlich. Wenn Mitarbeiter bei Veränderungsprozessen »abgeholt«, »an die Hand genommen« und mit »Maßnahmen aus dem Bereich der Personalentwicklung bedacht« werden sollen, wie es oft so schön heißt, ist davon wenig spürbar. In einer Kultur von Augenhöhe und Selbstorganisation müssen Menschen nicht »abgeholt« werden. Das tut man mit Kindern aus der Kita, Schule oder von sonst wo. Mitarbeiter aber sind erwachsene Menschen, denen man auf Augenhöhe begegnen, die man mitgestalten und sie zu einem Teil vom Ganzen werden lassen sollte. Deshalb müssen sie auch nicht »an die Hand genommen werden«. Im Gegenteil:

Mitarbeiter sollten tiefer Bestandteil und Initiatoren von Veränderungen sein und damit Gestalter von Unternehmen – nicht Gestalten im Unternehmen, denen man immer wieder die Hand reichen muss. Wir müssen nicht »Personalentwicklung betreiben«, sondern wenn überhaupt »Menschenentwicklung« möglich machen. Also Organisationen schaffen, in denen Menschen das Gefühl von Zugehörigkeit und Teilhabe entwickeln können und wirkliche Gestaltungsmöglichkeiten haben. Unternehmen, in denen Mitarbeiter sich als Personen und in ihrer Persönlichkeit weiterentwickeln und wachsen können. Dafür muss man Mitarbeitern etwas zutrauen und ihnen vertrauen.

Vertrauen bringt das Beste in einem Menschen hervor. Privat und auch innerhalb von Unternehmen.

Augenhöhe kann sehr entlastend für Führungskräfte sein, weil die Verantwortung für die Organisation statt auf eine nun auf viele Schultern verteilt ist: Sie müssen nicht mehr diejenigen sein, die am meisten wissen und können. Damit ist Augenhöhe ein ganz elementarer Bestandteil des selbstorganisierten Arbeitens. Keine Augenhöhe, keine Selbstorganisation.

Teilhabe durch eine partizipative Führung

Dieter und ich hatten nach einem halben Jahr ein weiteres Gespräch, in dem es ganz konkret um sein Führungsverhalten ging. »Alles schön und gut, mit der Selbstorganisation. Aber da muss man ja nun wieder den Führungsstil quasi neu erfinden.« Ich verstand nicht ganz, worauf Dieter hinauswollte und hakte nach. »Na ja, da kann man doch nichts, von dem was ich gelernt habe, anwenden. Das ist doch in der Selbstorganisation irgendwie alles anders. Da musst du mir dann echt mal helfen, da fehlt mir die Fantasie. Mit welchem Führungsstil soll ich denn da nun rangehen?« Langsam glaubte ich zu verstehen, worauf Dieter hinauswollte.

»Du meinst, du brauchst ganz neue Führungsstile für dein Führungsverhalten?« »Klar«, sagte Dieter, »wenn ich die Mitarbeiter in ihrer Selbstorganisation unterstützen will, dann kann ich das doch nicht mit altem Führungsverhalten. So etwas habe ich bisher nicht gelernt, auch nicht in den Führungskräfte-Seminaren. Das war immer oldschool.«

Nun hatte ich Dieter verstanden: Er unterlag einem ganz typischen Irrglauben. Neue Arbeitswelt – alles Alte über Bord werfen – alles neu lernen.

Ich fragte Dieter, ob er schon etwas über einen »partizipativen Führungsstil« gelernt hatte. »Klar, ganz früh schon. Du meinst so etwas wie Blanchard und Hersey, oder?« Ja, genau so etwas meinte ich.

Fast alle theoretischen Modelle beschreiben einen Führungsstil, der als partizipativ bezeichnet werden kann. So haben die beiden Amerikaner Ken Blanchard und Paul Hersey einen der vier Führungsstile in ihrem Modell des situativen Führens (1977) als »partizipativen Führungsstil« definiert. Auch im viel früheren »Führungskontinuum« (1958) von Robert Tannenbaum und Warren H. Schmidt ist ein Führungsstil mit identischer Bezeichnung zu finden. Nun werden Sie vielleicht wie Dieter reagieren, der mir damals auf meine Ausführungen entgegnete: »Was holst Du denn jetzt für alte Kamellen aus der Tüte?« Kann man so sehen – muss man aber nicht.

Ich habe mit Dieter anhand des ihm bekannten situativen Führens dann einmal durchgespielt, wie er den partizipativen Führungsstil in seiner Situation, also in einem selbstorganisierten Umfeld, mit großer Wirkung umsetzen kann. Dieser besteht im Wesentlichen darin, einem Mitarbeiter eine Aufgabe oder ein Ziel vorzustellen – also das Was – damit er eine Orientierung erhält. Damit wird aber nichts vom Wie vorgegeben – und wenn ich schreibe nichts, dann meine ich nichts. Die Lösung für das Wie wird durch die Frage an den Mitarbeiter initiiert: »Wie willst du die Aufgabe durchführen?« Oder: »Wie willst du das Ziel erreichen?« Diese Frage wird vor der Durchführung gestellt, also bevor eine Handlung überhaupt stattfindet.

Das Wie wird also vom Empfänger einer Aufgabe oder Zielsetzung definiert. Zu diesem Zeitpunkt besteht noch die Möglichkeit, leichte Korrekturen in der Aufgabenstellung (dem Was) oder der angedachten Vorgehensweise (dem Wie) abzustimmen. Dies minimiert zu einem sehr frühen Zeitpunkt Fehler im Verständnis der Aufgabe oder den Rahmenbedingungen sowie in der angedachten Vorgehensweise und erhöht natürlich deutlich das gemeinsame Verständnis.

Dieter fragte damals: »Ja, ist mir klar, aber das ist doch alter Führungsstil, das kann man doch nicht einfach in die Gegenwart holen oder gar die Zukunft damit gestalten.« Doch, kann man, und zwar ohne Einschränkung.

Denn die gute Nachricht ist: Auch in der Selbstorganisation brauchen wir das Rad nicht neu zu erfinden. Die einzige Schwierigkeit, die vielleicht besteht, ist: Wir müssen das, was uns bekannt ist, konsequent umsetzen. Und dabei liegt die Betonung auf konsequent.

Lassen Sie mich das wieder an einem Beispiel veranschaulichen. Es gibt in der Praxis zwei Phänomene, die den partizipativen Führungsstil betreffen. Das eine hängt mit einer sehr niedrigen Einschätzung des »Reifegrades« eines Mitarbeiters im Hinblick auf seine Kompetenz und seinen Erfahrungsschatz zusammen. Ist beides für eine Aufgabe nicht besonders ausgeprägt, sprechen wir von einem geringen Reifegrad, was bitte ausdrücklich nicht als negative Wertung einer Person verstanden werden darf. Denn nahezu jeder Mensch bewegt sich in einem oder mehreren Kompetenzbereichen in einem niedrigen Reifegrad. Nehmen Sie mich. Ich bin in vielen psychologischen, sozialen oder organisatorischen Themengebieten in einem hohen Reifegrad, soll heißen mit einer hohen Kompetenz und Erfahrung, ausgestattet. Wenn Sie mich an einen Herd inklusive Kochtopf stellen, dann werden Sie mich in einem sehr niedrigen Reifegrad erleben oder, wie meine Frau sagen würde: »Im minimalsten Reifegrad«. Hier geht es also ausdrücklich nicht um die Bewertung der gesamten, sondern um die bestimmter Kompetenzen und Erfahrungen eines Menschen.

Warum ist das wichtig? Wenn Sie mich am Kochtopf vor eine Aufgabe stellen – also das Was vorgeben – und mich dann fragen, wie ich sie umsetzen will – also nach dem Wie fragen – wird nur mit sehr viel Glück etwas Gescheites herauskommen. Folglich macht es also keinen Sinn, einen partizipativen Führungsstil anzuwenden, wenn die Kompetenz und Erfahrung eines Mitarbeiters beziehungsweise sein Reifegrad dafür nicht ausreichen. Was nicht zielführend ist, wird in der Praxis aber trotzdem gemacht. Wenn ein Mitarbeiter dann eine gänzlich oder in Teilen falsche Antwort auf die Frage nach der Umsetzung gibt, kommt von Seiten der Führungskraft häufig eine Aussage, die in etwa so klingt: »Nee, mach das mal anders, und zwar so ...«

Das zweite, sehr verbreitete Phänomen besteht darin, dass die Führungskraft bereits eine Idee für die »ideale Umsetzung der Aufgabe« – also das Wie – im Kopf hat. In richtiger Weise wird der Mitarbeiter zwar gefragt, wie er sich der Herausforderung widmen möchte. Die ganze Szene gerät aber dann zu einer Art heiterem »Richtige-Lösung-Raten«. Entspricht die Antwort des Mitarbeiters den Vorstellungen der Führungskraft, gibt es ein positives Feedback. In den meisten Fällen stimmt die Antwort des Mitarbeiters aber nicht mit der Idee der Führungskraft überein – alles andere wäre auch ein eher unwahrscheinlicher Zufall. Dann hört sich die Führungskraft den Vorschlag des Mitarbeiters an und entgegnet: »Nee, mach das mal anders, und zwar so ...«

Aus diesen beiden recht verbreiteten Phänomenen im partizipativen Führen resultieren zwei Konsequenzen. Zum einen sind Mitarbeiter in der Regel nicht dumm. Sie lernen sehr schnell, dass es keinen großen Sinn ergibt, sich ernsthaft über das Wie Gedanken zu machen, weil der Chef die Idee sowieso korrigiert. Und sie lernen vor allem, auf die Frage nach dem Wie über die erwartete Antwort nachzudenken und möglichst eine Lösung vorzuschlagen, bei der die Korrektur und das negative Feedback nicht zu groß ausfallen. Dieses Verhalten bezeichnet man als »Erfüllung der sozialen Erwartungshaltung«. Dass es weder das Mitdenken noch das Mitgestalten fördert, versteht sich nahezu von selbst.

Zum anderen sind bei diesem korrigierenden Führungsverhalten die meisten Führungskräfte felsenfest davon überzeugt, partizipativ zu führen. Und das ist leider falsch. Die Korrektur nach dem Muster »Nee, mach das mal anders, und zwar so ...« ist kein partizipativer, sondern ein direktiver – und damit autoritärer – Führungsstil. Dieses Vorgehen verhindert nicht nur die Weiterentwicklung eines Mitarbeiters, von Augenhöhe ganz zu schweigen. Es führt auch zwangsläufig zu einem Stillstand bei Mitarbeitern wie bei Führungskräften.

»Und das heißt jetzt was?«, fragte Dieter. »Das heißt, dass du bereits alles hast und weißt, was du über einen Führungsstil in der Selbstorganisation wissen und können musst«, antwortete ich. »Der Führungsstil in einer selbstorganisierten Umgebung basiert nicht wirklich auf neuen Dingen. Wir müssen unser Wissen und unsere Erkenntnisse nur konsequent umsetzen. Das ist der entscheidende Punkt.«

Was meine ich damit? Es braucht drei wesentliche Dinge für einen passenden Führungsstil in einem selbstorganisierten Umfeld, die nicht nur dann und wann oder wenn einem danach ist umgesetzt werden, sondern konsequent, mit einem hohen Bewusstsein und jeden Tag.

Das Erste ist, das wir Mitarbeitern und Teams Orientierung geben: das Was. Wir haben für die Vision, die Ziele oder konkrete Aufgabenstellungen zu sorgen.

Das Zweite: Jede Vision, jede Zielsetzung und jede Aufgabe erhält erst dann einen Wert, wenn dem Empfänger ihr Sinn klar wird. Deshalb müssen wir Mitarbeitern das Warum deutlich machen.

Das Dritte besteht in dem, was seit langer Zeit gelehrt wird: der Partizipation. Wir definieren das Was und das Warum und lassen Mitarbeiter und Teams über das Wie mitgestalten und entscheiden.

Das ist der konkrete Ansatz, um Mitarbeitern Teilhabe und Gestaltungsfreiraum zu ermöglichen. Im Grunde der Dreh- und Angelpunkt einer erfolgreichen Führung in einem selbstorganisierten Umfeld. Und das ist eigentlich schon alles: Orientierung geben – Sinn stiften – partizipieren lassen. Leicht in der Erklärung, vielleicht anspruchsvoller in der Umsetzung.

Bewährtes muss nicht falsch sein

Dieter war damals überrascht: über den Umstand, dass er bereits alles hatte, was er als Führungskraft in seinem selbstorganisierten Umfeld benötigte. Und darüber, dass das, was er brauchte, nicht so kompliziert war, wie er anfangs gedacht hatte.

Sein Bereich hat sich innerhalb weniger Monate stark weiterentwickelt, nicht zuletzt, weil viele Mitarbeiter sich mehr einbringen, tiefer mitdenken, stärker mitgestalten und das Vertrauen von allen untereinander gewachsen ist. So kann sich Dieter mittlerweile bei vielen Themengebieten tatsächlich auf das Was und das Warum konzentrieren und beschränken. In einigen Bereichen und bei manchen Aufgaben ist sogar zu spüren, dass seine Mitarbeiter das Was weiterentwickeln und neue Visionen, Ziele und Aufgaben ausarbeiten. Um das Warum muss Dieter sich dabei nur selten kümmern, weil seine Teams auch das ebenfalls sehr verinnerlicht haben. Alles in allem hat Dieter mit seinem Führungsverhalten in kurzer Zeit eine sehr beeindruckende Kultur in seinem Bereich etabliert und findet mittlerweile: »Das ist wirklich kein Hexenwerk!«

4.
Tobias und die laterale (Führungs-)Welt

Führen tut der, dem gefolgt wird

(unbekannt)

Tobias ist Anfang dreißig und Softwareentwickler in einem mittelständischen Unternehmen. Er ist mit seinen fast dreißig Kolleginnen und Kollegen für ein etabliertes Softwareprodukt zuständig. Tobias ist Mitglied in einem von drei Entwicklungsteams, die sich alle in einer agilen Arbeitsweise an einem Scrum-Framework orientieren.

Nachdem in der letzten Zeit etliche erfahrene Entwickler den Bereich verlassen haben, zählt Tobias mit seinen drei Jahren Betriebszugehörigkeit zu den alten Hasen. So erschien es nur folgerichtig, dass ihm vor nun fast sechs Monaten eine besondere Rolle in seinem Entwicklungsteam angeboten wurde. Er sollte fortan als »Softwarearchitekt« nicht nur die Architektur des Produktes mitverantworten, sondern auch seinen Entwicklungskollegen als Know-how-Träger und Sparringspartner zur Verfügung stehen.

Tobias fand die Idee toll, zumal man sich im Unternehmen viel Mühe gegeben und eine gut ausgearbeitete Rollenbeschreibung formuliert hatte. Den darin enthaltenen technischen Aufgaben und Verantwortlichkeiten fühlte er sich völlig gewachsen, besonders, da die meisten Kollegen noch nicht so lange dabei waren und noch keine so große Erfahrungstiefe im Produkt hatten wie er.

Seit dem Start versucht Tobias nun, sich zurechtzufinden. Die größten Herausforderungen sind für ihn die vielen Meetings, an denen er teilnehmen muss. An den meisten Tagen hat er dadurch für das technische Coaching und Sparring seiner Kollegen gar keine Zeit mehr. Mittlerweile erntet er nicht nur mehr oder minder komische Blicke von den Kollegen, sondern auch offene Kritik: Er sei zu einem »Bottleneck« geworden. Und unterschwellig signalisiert man ihm, dass er »den Laden aufhalten« würde. Er sei zu wenig da und das Team könne manchmal nicht weiterarbeiten, weil Tobias aus Zeitmangel keine Entscheidungen treffe.

Tobias macht das ziemlich zu schaffen. Wie erwartet hat er mit den technischen Anforderungen seiner neuen Rolle keine Probleme, aber das Setzen von Prioritäten fällt ihm schwer. Eigentlich ist er auch davon ausgegangen, dass seine Kollegen viel häufiger von sich selbst heraus Themen und Aufgaben anpacken und nicht immer auf seine Impulse warten würden. Schließlich arbeiten alle zusammen in einem agilen Umfeld und da ist selbstorganisiertes Arbeiten ja ein ganz wesentlicher Aspekt. Aber das passiert momentan noch viel zu wenig.

Dazu kommt: Tobias weiß manchmal nicht, wie er seine Kollegen ansprechen soll, wenn es darum geht, Aufgaben anders und selbstorganisierter anzugehen. Das ist ihm eher unangenehm, denn dann müsste er die Kollegen auch irgendwie kritisieren. Er möchte aber nicht den Eindruck erwecken, dass er jetzt mit der neuen Rolle »den großen Boss« raushängen lässt. Zumal es im Team den ein oder anderen gibt, der nicht unbedingt begeistert auf »Ansagen von oben« reagiert.

Vor einiger Zeit gab es beispielsweise zwei Vorfälle beim Programmieren, in denen die für alle geltenden Code-Richtlinien verletzt wurden. Da stand Tobias komplett auf dem Schlauch.

Gemäß seiner Rollenbeschreibung hätte er einschreiten, die Kollegen sogar kritisieren und darauf bestehen müssen, dass die vorgesehenen Arbeitsweisen eingehalten werden. Das hat Tobias aber nicht gemacht. Er hat lieber daraufgesetzt, dass solche Ausnahmen von der Regel nicht wieder vorkommen. Sicher haben die Kollegen es nicht absichtlich gemacht. Rein formell hätte Tobias das zwar anmerken müssen, aber …

So muss sich Tobias nach einigen Monaten selbst eingestehen: Diese neue Rolle ist doch sehr viel anspruchsvoller, als er ursprünglich dachte. Ganz besonders, weil er die Wichtigkeit und Herausforderungen der steuernden Aufgaben anfangs nicht gesehen hat. Er ist zwar nicht Chef im eigentlichen Sinne, aber laterale Führungskraft, also eine Führungskraft ohne disziplinarische Verantwortung.

Ich lerne Tobias und sein Team im Rahmen eines Auftrages kennen, bei dem es darum geht, alle Beteiligten in ihrer Selbstorganisation zu begleiten und voranzubringen. Als ich alle das erste Mal treffe, nehme ich eine latent angespannte Stimmung wahr. Kleine verbale Spitzen und leicht sarkastische Bemerkungen machen unüberhörbar deutlich, dass das Team mit der neuen Rolle von Tobias Schwierigkeiten hat.

Kalle, einer der Entwickler des Teams, spricht Tobias ganz direkt an: »Ich finde das echt 'ne ganz blöde Sache. Wir haben hier ganz oft Sachen und Fragen zu klären, bei denen du wichtig bist. Und dann bist du nicht da. So kommen wir echt nicht voran, du kannst dich hier doch nicht einfach ausklinken.«

Der wesentliche Kritikpunkt ist, dass Tobias so gut wie gar nicht mehr mitprogrammiert – und das heißt aus der Teamperspektive: nichts Produktives tut. »Du verdrückst dich nur noch in diese Meetings und dann kommst du wie Kai aus der Kiste und willst uns erzählen, was wir machen sollen«, beschwert sich Petra, die für die Qualitätssicherung zuständig ist.

Beide Vorwürfe sind wahrscheinlich sehr zugespitzt, bringen aber die bestehende Unzufriedenheit im Team zum Ausdruck. In der Anfangsphase meiner Zusammenarbeit mit dem Team fällt mir immer wieder auf, dass Tobias sehr zurückhaltend ist: Er überlässt das Agieren komplett mir als externer Person. Auch der gemeinsame Austausch und die teaminternen Diskussionen finden nahezu ohne seine Beteiligung statt. Ein Außenstehender würde wahrscheinlich gar nicht erkennen, dass Tobias eine spezielle Rolle hat, die von ihm verlangt, eine technische Steuerung im Team auszuüben. Ich merke Tobias deutlich sein Unbehagen an, das wahrscheinlich aus der Verunsicherung in Bezug auf seine neue Rolle resultiert.

Im Vieraugengespräch mit Tobias wird die Situation dann noch klarer. Das zuvor beschriebene Unterschätzen der steuernden Rollenanteile ist nur ein Aspekt. Die mangelnde Akzeptanz seiner Rolle und Person auf Teamseite ein anderer. Außerdem muss er sich eingestehen, dass er sich noch nie bewusst Gedanken darüber gemacht hat, was Führung von Menschen in einem Team bedeutet und welche Fähigkeiten und Fertigkeiten er dafür braucht.

Dazu kommt noch, dass Tobias davon ausgegangen ist, dass das selbstorganisierte Arbeiten in einem agilen Umfeld in seinem Team viel ausgeprägter ist, als es sich jetzt zeigt. Das Team wartet tatsächlich sehr oft darauf, dass er Impulse setzt oder gleich die ganze Richtung vorgibt.

Am Beispiel von Tobias zeigen sich zwei Schlüsselfaktoren im Hinblick auf das laterale Führen eines Teams und das damit zusammenhängende Rollenverständnis inklusive der unterstützenden Rollenbeschreibung.

Führung wird verliehen – und zwar jeden Tag aufs Neue

In agilen Umfeldern ist die Selbstorganisation von Mitarbeitern und Teams ein elementarer Bestandteil (wie schon im Kapitel *Mit Volldampf in die Selbstorganisation* beschrieben). Auf dem Weg zur ausgeprägten oder vollständigen Selbstorganisation kann es aber sinnvoll sein, die Steuerung und Führung des Teams für eine Übergangszeit auf einzelne Teammitglieder zu übertragen. In diesen Fällen sprechen wir von lateraler Führung, also von Führung, die nicht im traditionellen Sinne von einem Chef mit disziplinarischer Verantwortung übernommen wird. Eine laterale Führungskraft ist technisch, fachlich und/oder rein steuernd verantwortlich und in diesem Zusammenhang meist auch weisungsbefugt.

Im vorliegenden Fall war es die Intention des Unternehmens, den Weg zur Selbstorganisation des Teams mit Tobias als lateraler Führungskraft zu unterstützen und zu begleiten. Dabei ist Tobias den wohl schwersten Weg gegangen, den jemand in Bezug auf eine Führungsrolle gehen kann: vom

Teammitglied direkt in die laterale Führungsrolle – und damit von einen auf den anderen Tag für die Kollegen fachlich und steuernd verantwortlich.

Auch wer von außen kommend die Verantwortung für ein Team übernimmt, hat es nicht immer leicht. Aber in den allermeisten Fällen ist es immer noch einfacher, als plötzlich für Menschen verantwortlich zu werden, mit denen man gerade noch gleichberechtigt gearbeitet hat. Erschwerend kommt hinzu, dass in agilen Umfeldern die Selbstorganisation vorangetrieben werden soll und damit auch die Ansprüche eines Teams an den Inhaber einer lateralen Führungsrolle deutlich steigen.

Genau hier erfordert es viel Umsicht und das richtige Vorgehen. Wir schubsen Mitarbeiter oft in laterale Führungsrollen und gehen davon aus, dass diese »ja nur so ein bisschen mit Führung zu tun haben« – weit gefehlt.

Laterale Führungskräfte müssen über genau dasselbe Führungswissen und Handwerkszeug verfügen wie disziplinarische Führungskräfte. Es besteht zwischen beiden nur ein minimaler Unterschied, und zwar in dem Umstand, dass eine disziplinarische Führungskraft einen etwas längeren Hebel in der Durchsetzung von finalen und arbeitsrechtlichen Maßnahmen hat. Einfach ausgedrückt: Eine disziplinarische Führungskraft kann einen Mitarbeiter am Ende arbeitsrechtlich maßregeln. Dies führt dazu, dass eine laterale Führungskraft an vielen Stellen viel geschickter führen muss, weil ihr dieser letzte Hebel eben fehlt. Sie muss ihr Know-how und ihre Tools viel genauer und sauberer einsetzen, um Wirkung und Akzeptanz zu erreichen.

Wenn wir uns ein Szenario vorstellen, in dem es zu einer arbeitsrechtlichen Maßnahme gegen einen Mitarbeiter kommt, müssen laterale Führungskräfte ebenso konsequent wie disziplinarische Führungskräfte denken können. Denn in der Praxis übernehmen sie vielfach die ersten Schritte bei einer kritischen Auseinandersetzung in Bezug auf Mitarbeiterverhalten. Wenn diese Auseinandersetzungen später in eine arbeitsrechtliche Klärung münden, müssen sie juristisch verwendbar sein. Dies erfordert disziplinarisches Denken und Handeln aus einer lateralen Führungsrolle heraus. Und da sage noch einer, laterale Führung habe »ja nur so ein bisschen mit Führung zu tun«. Von wegen!

Tobias hat im vorliegenden Fall eine tolle Chance bekommen und diese – zusammen mit den anderen lateralen Führungskräften – auch genutzt. Da das gesamte Unternehmen in vielen Bereichen auf Agilität gesetzt und damit auch an etlichen Stellen laterale Führungsrollen eingeführt hat, wurde kurzfristig ein bereits bestehendes Entwicklungsprogramm für laterale Führungskräfte terminiert, an dem Tobias teilnehmen konnte.

In diesem Programm konnte er viel von dem erforderlichen Wissen, das ihm in seinem Alltag fehlte, lernen und einüben. Genauso wichtig war der Austausch mit anderen lateralen Führungskräften aus vielen Bereichen des Unternehmens für ihn. Tobias sagte mir später einmal: »Ich dachte immer, ich wäre der Einzige, der das nicht auf die Reihe kriegt. Aber das geht ja allen so.« Für sein gesamtes Umfeld und sein Team war deutlich zu erkennen, welche Fortschritte er in seiner Rolle machte und wie gut er sich als laterale Führungskraft entwickelte.

An dieser Stelle empfehle ich Ihnen immer: Sorgen Sie dafür, dass Ihre lateralen Führungskräfte das erforderliche Basiswissen erhalten. Wenn Sie die Betroffenen beim Sammeln von Erfahrungen begleitend betreuen und unterstützen, werden die meisten in diese Rolle hineinwachsen und für Ihre Organisation einen guten Job machen.

Eine Rolle auszufüllen hat viel mit Persönlichkeit zu tun

Tobias hat sich, ausgehend von seiner damals noch wenig vorhandenen Rollenauffassung, schwer getan mit der Kritik an Teammitgliedern. Ein oft zu beobachtendes Phänomen, selbst bei langjährigen lateralen Führungskräften. Woran liegt das?

Führungswissen und -erfahrung sind ein Schlüsselfaktor für eine gute laterale Führungskraft. Genauso wichtig ist ein gutes Rollenverständnis, als zweiter Schlüsselfaktor. Natürlich erfordert es Wissen, um eine Rolle auszufüllen. Aber vor allem auch eine innere Haltung dazu und die Bereitschaft, als Person und Persönlichkeit in sie hineinzuwachsen.

Tobias hatte dafür eigentlich eine hervorragende Ausgangsposition. Die gut agierende Personalabteilung seines Unternehmens hatte dafür gesorgt, dass es für die damals neu einzurichtende Rolle eine dezidierte Beschreibung gab. Diese wurde nicht nur von den Personalverantwortlichen ausgearbeitet, sondern auch die disziplinarischen Führungskräfte sowie Personen aus dem operativen Entwicklungsumfeld haben daran mitgewirkt. Die Rollenbeschreibung war also ein Werk, an dem viele Personen beteiligt waren, die heute in Kontakt mit dieser Rolle stehen und immer wieder Schnittstellen zu ihr haben.

Wenn man sie darauf anspricht, bezeichnen nahezu alle, die an der Beschreibung der Rolle mitgearbeitet haben, dies als recht aufwendigen und nicht immer konfliktfreien Prozess, da schließlich alle Vorstellungen und Interessen berücksichtigt werden sollten. Aber alle sind auch der Meinung, dass es gut investierte Zeit und Mühe war und sich das Ganze gelohnt hat. Dies lässt sich auch daran konkret festmachen, dass alle Teams, in denen diese Rolle bereits etabliert wurde, in ihrer Zusammenarbeit, ihrem agilen Arbeiten und in ihrer Performance einen Schritt nach vorn gemacht haben.

Woran lag es dann aber, dass Tobias trotz der detaillierten Rollenbeschreibung Probleme damit hatte, Teammitglieder zu kritisieren? War er vielleicht einfach doch nicht für die Rolle geeignet? Besonders für deren steuernde, also technikübergreifenden Anteile?

Grundsätzlich empfehle ich immer, diesen Gedanken nicht gleich als Erstes in den Ring zu werfen.

Mitarbeiter anzuleiten, zu steuern und zu führen ist ja grundsätzlich kein genetisches Merkmal, über das Menschen verfügen müssen. Jeder, der sich heute als gute Führungskraft bezeichnen würde – unabhängig davon, ob lateral oder disziplinarisch – sollte sich an diesem Punkt der Frage stellen: Sind Sie als die Führungskraft, die Sie heute sind, in Ihre erste Führungsrolle gestartet? Vermutlich nicht. Sie haben Erfahrungen gemacht, vielleicht in Workshops und Seminaren etwas über Führung gelernt, garantiert auch Dinge verkehrt gemacht, vielleicht sogar richtig versemmelt. Oder?

Ich habe noch keine Führungskraft kennengelernt, die nicht in diese Rolle hat hineinwachsen müssen. Dabei ist der eine schneller als der andere. Und genau das sollte die Grundannahme in Fällen wie dem von Tobias sein.

Tobias hatte mit seiner Rollenbeschreibung tolle Startbedingungen. Wann immer es erforderlich ist und Sie vorhaben, eine neue laterale Rolle in Ihrem agilen Umfeld zu etablieren, rate ich Ihnen dringend, diese Rolle klar zu definieren und schriftlich festzulegen. Im hier vorliegenden Beispiel kann man die Vorgehensweise als vorbildlich beschreiben. Wenn Sie in Ihrem Unternehmen über eine Personalabteilung verfügen, sprechen Sie diese an und bitten Sie um deren Unterstützung. Denn diese Personen sind in der Regel vom Fach und sehr hilfreich. Lassen Sie auch immer Personen (quasi als Stakeholder) an der Rollenbeschreibung mitwirken, die später mit der Rolle in engem Kontakt stehen – umso höher wird die spätere Akzeptanz der Rolle sein.

Sorgen Sie anschließend aber auch unbedingt für etwas, das im Fall von Tobias ein bisschen zu kurz gekommen ist. Tobias wurde seine Rolle schriftlich vorgestellt. Man führte zwar einen kurzen Austausch dazu, danach wurde aber davon ausgegangen, dass er die Rolle getreu dem Motto »Der macht das schon« ausfüllen würde. Genau das erweist sich in vielen Fällen aber als Stolperstein. Wenn Sie Glück haben, wächst jemand sehr schnell und mit wenig Reibung in seine laterale Führungsrolle hinein. In den meisten Fällen werden Sie denjenigen aber begleiten oder begleiten lassen müssen. Und hier spreche ich nicht nur von Seminaren. Ich meine damit persönliche Unterstützung. In eine Rolle hineinzuwachsen ist kein simpler Wissensprozess – und nicht damit erledigt, dass der Betreffende rational versteht, was erforderlich ist. Es ist ein mehr oder minder großer Reifungsprozess. Und ein solcher verläuft immer dann gut, wenn es im Umfeld dieser Person Menschen gibt, die ihr mit Rat und Tat zur rechten Zeit zur Seite stehen.

Lassen Sie mich das am Beispiel der Vaterrolle veranschaulichen. Ich habe selbst zwei Kinder und bin – übrigens ganz ohne Rollenbeschreibung – biologisch dazu gekommen. Mit dem Tag der Geburt war ich ganz plötzlich in der Rolle des Vaters. Ich hatte zwar Bücher darüber gelesen und eine Menge Wissen durch meinen beruflichen Werdegang mitgebracht, da ich einige Zeit mit Kindern und Jugendlichen gearbeitet habe. Aber wenn ich ganz ehrlich bin, hat mir vieles von diesem Wissen nicht wirklich geholfen.

Das Leben in dieser Rolle hat immer wieder neue Geschichten geschrieben, die in keinem Buch zu finden waren. Und immer genau dann haben mir Menschen, die mir mit etwas Erfahrung oder einfach einem Gedankenaustausch zur Verfügung standen, mehr weitergeholfen als jeder Ratgeber oder jedes Seminar.

Tobias hat von seinem Unternehmen die Möglichkeit einer externen Begleitung erhalten und diese engagiert und dankbar angenommen. Wir haben die Möglichkeit gehabt, viel an seinem Rollenverständnis zu arbeiten. Wir haben dafür gesorgt, dass er sich mit anderen lateralen Führungskräften austauschen konnte. Wir haben ihn dabei unterstützt, den Dialog mit seinem Team zu suchen und zu führen, um mit dessen Feedback ein noch gezielteres Verständnis der lateralen Führungsrolle bei allen Beteiligten zu etablieren.

Parallel zu der individuellen Entwicklung von Tobias wurde aber auch das Team noch einmal ausführlich informiert. Ursprünglich wurde die Rolle auch dem Team schriftlich vorgestellt und in einem Meeting mit der gesamten Abteilung mündlich kurz ergänzt. Auf die beiden Klassikerfragen »Haben das alle verstanden?« und »Gibt es von eurer Seite noch Fragen?« antworteten die dreißig Personen mit einem kollektiv-apathischen Blick und ohne weitere körpersprachliche Reaktionen der Köpfe im Sinne eines Nickens oder Kopfschüttelns. Dieses Verhalten wurde dann als Signal gedeutet, dass man wohl einen Haken hinter die Einführung der Rolle machen könne.

An der späteren Reaktion von Tobias' Team lässt sich erkennen, dass vieles dann wohl doch nicht verstanden worden und eine Erwartungshaltung entstanden war, die mit der ursprünglichen Intention nicht viel zu tun hatte.

Menschenentwicklung hat ihr eigenes Tempo

Auch dieser Teil ist bei der Einführung einer lateralen Führungsrolle wichtig. Gehen Sie niemals davon aus, dass mehrere Menschen sofort ein einigermaßen gleiches Verständnis von einer neuen Führungsrolle haben. Erst recht nicht, wenn eine solche Rolle nicht klassischen Denk- und Erfahrungsgewohnheiten entspricht.

Die Fragen nach dem allgemeinen und weiterführenden Verständnis der Rolle ergeben nur dann Sinn, wenn die laterale Führungsrolle im Alltag bereits mit Leben gefüllt wurde. Sorgen Sie dafür, dass diese Fragen nach zwei bis vier Wochen gestellt werden. Erst dann können viele Menschen ihr mangelndes Verständnis beziehungsweise ihre Auffassungen artikulieren und äußern. Bleiben Sie mit solchen Teams im Austausch, etablieren Sie Review-Meetings und lassen Sie den Kontakt nicht abreißen. Wenn Sie nun fragen »Wie lange soll das denn gehen?«, dann habe ich eine simple Antwort für Sie: »So lange, bis es keine Verständnisprobleme und Fragen mehr gibt.«

Und wenn Sie nun der Meinung sind, das sei zu viel Zeit, dann lassen Sie mich Ihnen aus meiner Erfahrung sagen, dass es gut investierte Zeit ist. Die Zeit, die Sie zu Beginn einer solchen Rolleneinführung investieren, holen Sie später wieder rein, wenn Sie die ganzen Reibungsverluste minimieren und vermeiden, die meistens – wie im vorliegenden Fall – auftreten.

Menschen entwickeln sich nicht in einem businesskonformen Tempo. Wir wollen oft, dass alles schnell geht, weil wir von geschäftlichen Rahmenbedingungen getrieben werden, aber wie sich eine Organisation, eine Kultur und ihre Menschen entwickeln, gehorcht diesen Rahmenbedingungen meistens nicht. Das Beste, was Sie tun können, ist lateralen Führungskräften und ihren Teams die richtigen Gegebenheiten für ihre Weiterentwicklung zu verschaffen.

Sie brauchen nicht nach den Naturtalenten zu suchen. Wählen Sie Ihre zukünftigen lateralen Führungskräfte lieber gut aus. Beschreiben Sie unter Einbeziehung möglichst vieler Stakeholder so genau wie möglich, wie Sie sich die Gestaltung der lateralen Führungsrolle vorstellen. Sorgen Sie dafür, dass die lateralen Führungskräfte wie auch das gesamte Umfeld genau verstehen, welche Verantwortlichkeiten und Aufgaben sie haben. Ermöglichen Sie Ihren lateralen Führungskräften, zu lernen, indem Sie für einen gezielten Wissenstransfer sorgen. Und helfen Sie ihnen dabei, zu wachsen, indem Sie selbst ein guter Sparringspartner sind und Ihre lateralen Führungskräfte begleiten oder begleiten lassen.

Tobias geht es heute übrigens in seiner Rolle sehr gut. Er fühlt sich wohl und füllt sie mit viel Engagement aus. Das Team hat nicht nur verstanden, was der Job von Tobias ist, sondern begegnet ihm mit viel Respekt und pflegt einen überaus offenen und wertschätzenden Austausch mit ihm. Kurz: Tobias ist in der lateralen Führungswelt angekommen, weil ihm die Möglichkeit dazu gegeben wurde, sich als Mensch in seiner beruflichen Rolle weiterzuentwickeln.

5.

Wertschöpfung ist mehr als klassische Leistung

Es gibt zwei Möglichkeiten, Karriere zu machen: Entweder leistet man wirklich etwas, oder man behauptet, etwas zu leisten. Ich rate zur ersten Methode, denn hier ist die Konkurrenz bei Weitem nicht so groß.

Danny Kaye

»Wir müssen den nächsten Schritt machen!«, sagte Barbara mit ernster Miene. Das hatte ich bei ihr in den letzten vier Jahren nur sehr selten gesehen. Aber wenn sie so schaute, dann aus ernstem Grund. Barbara ist Gesellschafterin und Geschäftsführerin eines Handelshauses mit etwa einhundertzwanzig Mitarbeitern. Das Familienunternehmen vertreibt vorwiegend Druck- und Kopiertechnik mit den dazugehörigen Softwarelösungen. Darüber hinaus bietet es Kunden auch die entsprechenden technischen Services an. Es wurde von ihrem Großvater gegründet: Barbara ist Geschäftsführerin in dritter Generation.

Barbara und ich haben uns kennengelernt, als sie das Unternehmen von ihren Eltern übernommen hat und ich die Familie dabei begleitet habe. Mit ihr ist ein neuer Führungsstil in die Firma eingezogen – natürlicherweise, möchte man sagen. Denn Barbara hat eigene und sehr klare Vorstellungen davon, wie sie das Unternehmen in die Zukunft führen möchte. Ihre Eltern haben sie bereits im Übergabeprozess darin unterstützt und etliche Veränderungen mitgetragen. Das hat Barbara nicht nur in der Gestaltung ihrer neuen Rolle geholfen, sondern auch ihre Akzeptanz in der Belegschaft gefördert.

So ist Barbara seit längerem als Geschäftsführerin im Unternehmen fest etabliert, obwohl sie mit ihren zweiunddreißig Jahren zum jüngeren Drittel aller Beschäftigten gehört. Sie hat bereits viele Neuerungen initiiert: viele kleine, aber auch sehr elementare.

Auf Barbaras Initiative hin arbeiten einige Bereiche des Unternehmens mit einem hohen Grad an Selbstorganisation. Viele Abläufe wurden auf Kanban umgestellt.

Diese Methode zur Produktionsprozesssteuerung, die ursprünglich bei Toyota entwickelt wurde, wird heute in modifizierter Art und Weise in vielen Bereichen eingesetzt - auch dort, wo keine klassische Produktion stattfindet. In Barbaras Unternehmen nutzen fast alle Bereiche das Verfahren, um die Anzahl interner paralleler Arbeiten zu reduzieren, die Durchlaufzeiten von Vorgängen zu verkürzen sowie Probleme, Engpässe und Verbesserungsmöglichkeiten frühzeitig zu erkennen. Darüber hinaus hilft Kanban dem Unternehmen dabei, sehr viel gezielter und schneller Kundenerwartungen und -ansprüche umzusetzen. Neben diesem Ansatz legt Barbara großen Wert auf Eigenverantwortlichkeit bei allen Mitarbeitern und hat das Thema Selbstorganisation bereits sehr früh etabliert. Dies ist im Grunde auch zwingend erforderlich, wenn ein Unternehmen Kanban einführt, da hier Transparenz und Informationsfluss bei allen Tätigkeiten und Abläufen eine große Rolle spielen - und das funktioniert am besten, wenn alle Beteiligten selbst dafür in der Verantwortung stehen.

Worauf Barbara mit dem Satz »Wir müssen den nächsten Schritt machen!« hinauswollte, war mir im ersten Moment allerdings nicht ganz klar. Als ich nachhakte, antwortete sie: »Wir müssen neue Ideen entwickeln, wie wir hier mit dem Thema Leistung umgehen. Das ist in einigen Bereichen total einfach, wie im Vertrieb oder auch im technischen Service. In anderen Bereichen ist das viel schwieriger, zum Beispiel in der Verwaltung. Ich habe hier auch an etlichen Stellen den Eindruck, dass Leistung sehr eindimensional wahrgenommen wird. Da gibt es ein Ziel für das Geschäftsjahr und wenn das erreicht wird, dann ist für die meisten alles in Butter - Ende, aus, Haken dran. So wie wir das handhaben, passt das nicht mehr zu unserer jetzigen Entwicklung und den Arbeitsweisen, die wir hier mittlerweile praktizieren. Das muss doch irgendwie auch anders gehen. Ich möchte, dass wir da den nächsten Schritt machen und auch völlig neue Wege gehen.«

Das war ja mal eine Ansage. Das Thema Leistung (Leistungsmessung Leistungsbewertung) an sich ist ja nicht neu. In agilen und selbstorganisierten Umfeldern rückt es allerdings in einer besonderen Form in den Fokus. Da hier die Umsetzungsverantwortung bei den Mitarbeitern und Teams liegt, machen diese sich zwangsläufig auch intensivere Gedanken über ihre Leistung sowie deren Messung und Bewertung – oder sie sollten es tun.

In Barbaras Fall war es eine Mischung aus beidem. In einigen Bereichen hatten die Mitarbeiter und Teams das Thema noch nicht in ihrer Selbstorganisation berücksichtigt. In anderen, wie eben dem Vertrieb und technischem Service, war es bereits Bestandteil ganz unterschiedlicher Diskussionen geworden. Genau das hatte Barbara auch dazu gebracht, es genauer zu betrachten und Lösungen für einen wirkungsvolleren Umgang damit zu suchen.

Wir entwickelten also einen konzeptionellen Ansatz, mit dem Barbara das Thema genauer fassen konnte. Sie sollte alle vier Wochen intensive Gespräche in den einzelnen Teams führen, um deren Verständnis von Leistung kennenzulernen und auch etwaige leistungshemmende Faktoren identifizieren zu können. Dabei war uns von Anfang an klar, dass wir von den Mitarbeitern und Führungskräften wohl nicht gleich zu Beginn schon einen umfassenden Einblick bekommen würden. Wir betrachteten es also als einen Prozess des Austausches. In geduldiger Art und Weise sollte das Thema Leistung so Stück für Stück als Gesprächsgegenstand etabliert werden.

Im Vertrieb und im Service des Unternehmens wurde Leistung traditionell gemessen und bewertet. Es gab Umsatzziele für die Mitarbeiter, die man im Grunde das ganze Jahr hindurch prüfen und daraus eine Leistungsbewertung ableiten konnte. Dieses Vorgehen ist allerdings recht eindimensional und für selbstorganisierte Organisationen, als ausschließliches Bewertungskriterium nicht empfehlenswert. In den eher verwaltend tätigen Bereichen des Unternehmens war die Bewertung von Leistung bis dato nie wirklich etabliert worden. Da gab es »halt« Aufgaben und die wurden abgearbeitet. Auch dies ist in selbstorganisierten Umfeldern nicht zu empfehlen.

Barbara begann also einen intensiven Dialog mit den Mitarbeitern. Immer wieder setzte sie sich mit ihnen zusammen, um zu erfahren, wie das Thema Leistung gesehen wurde und an welchen Stellen Veränderungen nötig waren.

In den Bereichen Vertrieb und Service entdeckte sie gleich zwei interessante Phänomene, die sehr typisch sind, wenn Leistung eindimensional betrachtet und bewertet wird.

Druck als Leistungshemmer

Zum einen gab es Mitarbeiter, die im Laufe des Jahres bei der Zielerreichung hinterherhinkten. Nahezu bei allen führte dies zu einer Mischung aus Motivationslöchern und einem selbst auferlegten übermäßigen Druck, die finalen Ziele doch noch zu schaffen. Diese Kombination verfestigte allerdings die schwache Ergebnislage eher und führte letztlich zu einer Leistungssenkung.

Als Barbara begann, sich intensiver mit ihren Mitarbeitern zu unterhalten, entdeckte sie unterschiedliche leistungsbezogene Aspekte, die in einer selbstorganisierten Umgebung nicht wirklich gut funktionieren, als kritisch betrachtet werden müssen und sogar hemmend wirken können.

So fanden unterjährig auftauchende Besonderheiten keine Berücksichtigung in der Leistungsbewertung. Es gab beispielsweise mehrere Fälle, in denen kundenseitig recht umfangreiche Projekte oder Aufträge verschoben wurden, zum Teil um viele Monate und bis ins folgende Geschäftsjahr. Dies hatte natürlich direkte Auswirkungen auf die vereinbarten Umsatzzahlen und damit die Zielerreichung der Mitarbeiter. Nahezu alle reagierten darauf mit mehr oder weniger resignativen Verhaltensweisen, weil diese aufwendigen und vom Umsatzvolumen interessanten Geschäfte stets einen sehr zeitaufwendigen Vertriebsprozess erforderten. Abgesehen davon finden sich derartig große Aufträge eben auch nicht wie Sand am Meer: Wurde ein solches Projekt verschoben, gab es nicht so einfach einen Ersatz.

Die betroffenen Mitarbeiter empfanden es durchgängig als ungerecht, dass alle Aktivitäten und Leistungen, die sie hierfür aufbrachten, überhaupt nicht in der Leistungsbeurteilung berücksichtigt wurden. Darüber hinaus wurden die negativen Folgen für die eigene Provision zusätzlich als eine Art Bestrafung wahrgenommen. Und das alles, obwohl die jeweiligen Mitarbeiter keinerlei Einfluss auf diese geschäftliche Entwicklung hatten, weil ja die Kunden für eine Verschiebung gesorgt hatten. Ihre bis dahin dafür geleistete Arbeit wurde also gar nicht oder allenfalls sehr gering bewertet, geschweige denn anerkannt. Wochen- und monatelanger Aufwand, unzählige Gesprächstermine, eine Menge schriftlicher Analysen und Ausarbeitungen verschwanden quasi als Nicht-Leistung einfach so in der Versenkung.

Nun könnte man vielleicht sagen: »Tja, so ist das eben im Vertrieb oder im Service. Keine Aufträge – keine Kohle!« Aber genau in so einer Haltung verbirgt sich die eindimensionale Betrachtungsweise. Dieses Denken mag zwar traditionell richtig sein und hat auch sicher viele Jahrzehnte funktioniert. In einer immer schneller werdenden und volatilen Welt können wir aber damit kaum noch Menschen motivieren. Die Einflussgrößen, die über einen erfolgreichen Geschäftsabschluss oder die Durchführung eines Projektes entscheiden, sind heute dermaßen vielfältig und variabel geworden, dass sie nur noch schwer bis gar nicht von einer Person eingeschätzt, vorhergesagt oder gar beeinflusst werden können.

Wenn dann nur das Ergebnis als Leistungskriterium herangezogen wird, ist das der sichere Weg zur Leistungsverhinderung.

Alle damals beteiligten Mitarbeiter konnten Barbara sehr glaubwürdig und nachvollziehbar darstellen, welchen Aufwand sie betrieben hatten, um solche Aufträge zum Abschluss zu bringen. Dabei wurden ausdrücklich nicht Geschäfte betrachtet, die verloren und an Wettbewerber gegangen waren. Barbara und die Mitarbeiter sprachen ausschließlich über Projekte, die nicht zum geplanten Zeitpunkt getätigt werden konnten. In diesem Zusammenhang war besonders interessant, dass eigene monetäre Aspekte für die Mitarbeiter nicht an erster Stelle standen: Sie konnten absolut nachvollziehen, dass sie keinen variablen Gehaltsanteil beanspruchen konnten, wenn das Unternehmen keine Einnahmen zu verzeichnen hatte. Wichtig war ihnen aber, dass ihre Leistung nicht nur an Umsätzen festgemacht werden sollte.

Worauf die Mitarbeiter hier hinwiesen, war, dass ihre Aktivitäten in keiner Weise als wertschöpfend angesehen wurden, durch die ein vertrieblicher Abschluss ja überhaupt erst möglich wurde. Die meisten Ergebnisse sind, bei genauer Betrachtung, eine Summe von wertschöpfenden Aktivitäten. Wird dies in der Leistungsbewertung nicht berücksichtigt, ist es nicht nur demotivierend für den Einzelnen. Es passt auch überhaupt nicht in ein selbstorganisiertes und agiles Umfeld.

Bei den Servicetechnikern erfuhr Barbara ähnliche Aspekte. Hier stellte sich heraus, dass viele die Kundenbetreuung und -pflege während des Jahres vernachlässigten. Die Gründe dafür waren recht simpel. Da diese Kontakte als Kaffee-Termine betrachtet wurden, weil sie nicht umsatzrelevant waren, konzentrierten sich alle auf Aktivitäten, die sich in irgendeiner Form verrechnen ließen. Die Techniker selbst waren nicht sehr glücklich über diese Situation.

Sie zeigten anhand unterschiedlicher Beispiele, dass sie ihren Kunden Innovationen des Unternehmens nicht nahebringen konnten, weil der damit verbundene Aufwand sich nicht sofort auszahlte und damit keine Berücksichtigung in der Leistungsbewertung fand. Wenn jemand regelmäßig eine Stunde oder mehr damit verbrachte, einem Kunden eine neue Technologie vorzustellen, fehlten ihm am Ende des Tages oder Monats einige verrechenbare Stunden. Also wurde auf solche Aktivitäten weitgehend verzichtet.

Zusätzlich gaben die Techniker an, sich kaum um Verbesserungen im eigenen Bereich zu kümmern, und zwar sowohl hinsichtlich interner Abläufe als auch technologischer Prozesse. Auch hier hatten sie das Gefühl, dass die Arbeit daran nicht als Leistung gesehen wurde. Einige hatten sogar den Eindruck, sie würden eher dafür bestraft, da Verbesserungen einerseits gewünscht, andererseits aber keine Zeit aus den verrechenbaren Kontingenten dafür zur Verfügung gestellt wurde. Ihre Arbeitszeit sollte im hohen Umfang verrechenbar sein und mögliche Verbesserungen beziehungsweise Innovationen on top erbracht werden – so die Sicht der Techniker.

Auch hier war erkennbar, dass wertschöpfende Tätigkeiten keinerlei Berücksichtigung in der Leistungsbewertung fanden.

Das ist leider öfter zu finden, als man glauben mag. Der Hauptgrund hierfür liegt wohl darin, dass man Wertschöpfung schwerer fassen und messbar machen kann. Wie kann man schon messen, ob die Vorstellung einer neuen Technologie irgendwann wirklich zu einem Umsatz führt?

Barbara hatte aus diesen Gesprächen schon einmal sehr wichtige Schlussfolgerungen für leistungsrelevante Veränderungsansätze gezogen. Als zweites Phänomen entdeckte sie bei Mitarbeitern, die ihre Umsatzziele schon viel früher im Jahr erreicht hatten, gänzlich andere Verhaltensweisen, als man sie vermuten und sich als Geschäftsführerin wünschen würde.

Schneller, höher, weiter – Leistungshemmnis Nr. 2

Sowohl die Vertriebs- als auch die Servicemitarbeiter verlangsamten oder stellten ihre umsatzrelevanten Aktivitäten genau dann ein, wenn sie ihre Ziele für das laufende Jahr erreicht hatten. Gleichzeitig verlagerten sie noch offene und potenzielle Umsätze in das darauffolgende Geschäftsjahr. Im Wesentlichen wurde dieses taktische Verhalten damit begründet, dass höhere Umsätze, als die für das laufende Jahr vereinbarten, im darauffolgenden Jahr traditionell zu höheren Vorgaben führten. Um genau das zu vermeiden, wurden Umsätze also quasi in die Zukunft geschoben, was für die Mitarbeiter den zusätzlichen Charme hatte, einen sehr guten Einstieg in das neue Geschäftsjahr zu haben und einen Teil der Zielsetzung bereits frühzeitig erreichen zu können. Dies wiederum verschaffte den meisten einen entspannten Umgang mit den Umsatzvorgaben.

Hier traten zwei Aspekte des Unternehmensalltages zutage, die in einem selbstorganisierten Umfeld nicht sinnig sind. Zum einen gab es stets eine gewissermaßen automatisch wachsende Umsatzerwartung für das neue Jahr. Dabei wurde nicht berücksichtigt, welche Besonderheiten im vorangegangenen zu einem deutlich höheren Umsatz als vereinbart geführt hatten. Einmal- und Zufallseffekte wurden freudig begrüßt und gleich auf das neue Jahr projiziert. Abgesehen davon wurden marktrelevante Umstände wie Rezessionen und branchenspezifische Wachstumshemmnisse bisher offenbar nie in den Umsatzerwartungen berücksichtigt. Je stärker die Selbstorganisation von Mitarbeitern ausgeprägt ist, umso weniger Akzeptanz finden solche Vorgehensweisen. Denn mit der Selbstorganisation wächst die Umsetzungsverantwortung - und damit auch die differenzierte Auseinandersetzung mit der eigenen Leistung und deren gerechter Bewertung. Außerdem sind die beschriebenen Verhaltensweisen natürlich in keiner Weise wertschöpfend - eher wertvernichtend.

Zum anderen stellte sich heraus, dass die Bezeichnung »Zielvereinbarung«, wie sie im Unternehmen geläufig war, gar nicht als solche empfunden wurde. In der Realität gaben eher die Vorgesetzten die Ziele vor, anstatt sie gemeinsam festzulegen. Zwar wurden die Mitarbeiter gebeten, sich eigene Gedanken zu machen. Diese fanden in den Zielvereinbarungsgesprächen der vergangenen Jahre aber keine wesentliche Berücksichtigung. Insofern stellten sie eher einseitige Argumentationen der Führungskräfte dar, deren Ziele ein Mitarbeiter zu akzeptieren hatte. Dies führte nicht nur zu einem großen versteckten Unmut, sondern auch zu den schon beschriebenen Verhaltensweisen, mit denen höhere Zielvorgaben geschickt vermieden wurden.

Diese Vorgehensweisen haben natürlich ebenfalls nichts mit Selbstorganisation oder agilem Arbeiten zu tun. Hier kommt es in vielen Unternehmen eher zu Wertvernichtung - die sich im Übrigen ebenso wenig messen lässt wie Wertschöpfung.

In den Gesprächen gab es durchaus sehr positive Signale seitens der Mitarbeiter, die grundsätzlich gar nichts dagegen hatten, dass Ziele – insbesondere Umsatzziele – angehoben wurden. Die Einsicht, dass das Unternehmen nur auf diese Weise wachsen konnte, war bei allen durchweg vorhanden. Es war vielmehr die Art der Zielabsprache, die keinerlei Akzeptanz fand und zu leistungshemmenden Verhaltensweisen führte.

Auch ihre Gespräche mit den verwaltenden Bereichen des Unternehmens verhalfen Barbara zu neuen Einsichten. Zu Beginn der Termine hatten hier manche Mitarbeiter offenbar zunächst die impulshafte Befürchtung, ihre Leistung sei nicht in Ordnung, da bisher noch nie jemand besondere Ansprüche daran oder an deren Bewertung gestellt hatte.

Es gab die jeweiligen Stellenbeschreibungen und einmal im Jahr ein Gespräch über die Qualität der Aufgabenerfüllung und den persönlichen Entwicklungsbedarf. Da die Tätigkeiten der einzelnen Mitarbeiter aber keiner so großen Veränderung unterlagen, hatten die allermeisten den Eindruck, dass nicht nur die Gespräche jedes Jahr mehr oder minder identisch abliefen, sondern auch die Bewertung ihrer Leistung. Insofern wussten viele in den ersten Terminen nicht recht, was Barbara von ihnen wollte: Es lief doch alles und das schon seit Jahren.

In diesem Fall war also die Bewertung von Leistung, wie auch von Wertschöpfung, gar nicht möglich. Für Mitarbeiter ist das motivatorisch recht schwierig. Zum einen erhalten sie oft keine Rückmeldung über ihr Tun vonseiten der Führungskräfte. Zum anderen können sie vielfach selbst den Wert ihrer erbrachten Leistung nicht einschätzen.

Auch mit diesen Erkenntnissen war Barbara natürlich nicht zufrieden. Mittlerweile hatten wir nämlich auch in unserem bilateralen Austausch herausgefiltert, dass wir das Thema Wertschöpfung dringend etablieren mussten. Wir bündelten also alle Eindrücke und entwarfen einen nächsten konzeptionellen Ansatz, der die Situation in allen Bereichen optimieren sollte.

Leistung ist eindimensional – Wertschöpfung ist mehrdimensional

Barbara hatte viel Zeit investiert, um die relevanten Aspekte für eine bessere und zur selbstorganisierten Kultur passende Leistungsbewertung herauszuarbeiten. Einige Dinge hatte sie geahnt, andere hatten sie sehr überrascht. Aber der Prozess des Austausches hatte bereits einen positiven Nebeneffekt mit sich gebracht: Mit zunehmender Dauer war die Offenheit zwischen ihr, den Führungskräften und den Mitarbeitern deutlich gewachsen. So konnten wir im nächsten Schritt mit allen Beteiligten gemeinsam das Thema Leistung und Leistungsbewertung weiterentwickeln.

Zuerst hatten wir die Führungskräfte dafür gewonnen, das Thema Leistung in eine mehrdimensionale Sichtweise zu überführen. Neben dem klassischen Verständnis von Leistung – also zum Beispiel Zielerreichung oder die Messung von Produktivität und Ergebnissen an Kennzahlen – wurde eine weitere Kategorie von Merkmalen etabliert, die unter der Überschrift Wertschöpfung zusammengefasst war. Denn ein selbstorganisiertes Umfeld orientiert sich ganz wesentlich an der Wertschöpfung, die erbracht wird. Dies schließt das klassische Verständnis von Leistung grundsätzlich nicht aus. Aber je fortgeschrittener die Selbstorganisation ist, umso weniger spielen klassische Messkriterien für Leistung eine Rolle. In hybriden Umfeldern existiert beides meistens parallel.

Lassen Sie mich noch ein klassisches Beispiel für eindimensionale Leistungsbetrachtung beschreiben. Innerhalb eines Teams gibt es sehr selten ein gleiches oder ausgeglichenes Leistungsniveau. Jedes Teammitglied hat seine Stärken und Schwächen, mit denen es bei unterschiedlichen Aufgaben an seine Grenzen stößt: fachlich, methodisch oder im Bereich der sozialen Kompetenzen. In tradierten Unternehmensumfeldern sind sehr oft Begriffe wie »Minderleistung« oder »Low Performing« zu finden. Noch spezieller werden die Begriffe, wenn sie zum »Minderleister« oder »Low Performer« personifiziert werden. Hakt man dann nach und fragt, was einen Mitarbeiter denn dazu macht, erhält man in den meisten Fällen eindimensionale Antworten wie »Der erreicht seine Ziele nicht!« oder »Die passt einfach nicht ins Team!« Nicht selten wird ein einziges Merkmal zur Grundlage von Low Performance gemacht. Durch diese eindimensionale Betrachtungsweise entsteht in der Folge eine Art gefilterte Wahrnehmung, durch die andere Aspekte von Leistung gar nicht mehr gesehen oder eben stark eingeschränkt wahrgenommen werden.

Eine klassische Beurteilung von Leistung kann durchaus bestehen bleiben, sollte aber um die Frage erweitert werden, welche Wertschöpfung jemand einbringt. Wenn beispielsweise in einem Team jemand in einem wichtigen Kompetenzbereich keine maximalen Ergebnisse erzielt, dann ist das die eine Dimension. Die zweite sollte die Frage sein: »Ist dieses Teammitglied für das Gesamtziel, das Unternehmen, die Kunden oder das Team wertschöpfend?« Vielleicht ist der Ergebnisbeitrag schwächer als bei anderen Teammitgliedern. Möglicherweise ist diese Person im Umgang mit den Kunden aber enorm stark und damit wertschöpfend, weil sie oder er es schafft, selbst schwierige Gespräche oder Situationen zu einem guten Ende zu führen und Kunden dann auch zu halten. Damit ist der Ergebnisbeitrag vielleicht schwach, aber die Wertschöpfung für das Unternehmen sehr hoch. Findet hier eine eindimensionale Betrachtung von Leistung statt, so würde diesem Teammitglied wahrscheinlich wenig bis keine Wertschätzung entgegengebracht werden, was seine Motivation wahrscheinlich wiederum senken und sich auf den Kundenkontakt negativ auswirken könnte. Ein kleiner Teufelskreis ist entstanden.

Vielleicht würde auch mit mehr oder minder viel Druck darauf eingewirkt, dass dieses Teammitglied seine Ergebnisse verbessert. Schlimmstenfalls würde entschieden, sich von ihm zu trennen – möglicherweise sehr zum Bedauern der Kunden. Die Wertschöpfung wäre damit verloren. Werden eine mehrdimensionale Leistungsbetrachtung etabliert und wertschöpfende Aspekte berücksichtigt, wachsen häufig nicht nur die eigene Leistungsbereitschaft, sondern damit auch die Leistungsergebnisse.

Im Falle von Barbaras Unternehmen wurde also eine mehrdimensionale Leistungsbetrachtung etabliert und um das Thema Wertschöpfung erweitert. Die Kriterien für die Bewertung dafür wurden von allen Mitarbeitern definiert. Diese waren zum Teil spezifisch mit der eigenen Tätigkeit verbunden, zum anderen sehr allgemein und auf alle Bereiche des Unternehmens übertragbar.

Am Ende dieses Prozesses standen siebzehn wertschöpfende Kriterien, die für alle Unternehmensbereiche galten. Da alle gemeinsam am gesamten Auswahlprozess beteiligt waren, fanden sie im gesamten Unternehmen eine sehr hohe Akzeptanz. Fortan wurden sie gleichberechtigt mit Zielen, Kennzahlen oder Produktivität zur Leistungsbewertung herangezogen.

Die Mitarbeiter entwickelten anschließend ein Punktesystem für alle Leistungs- und Wertschöpfungsfaktoren. So wurde es viel besser möglich, die Wertschöpfung des Einzelnen für das Unternehmen in Kombination mit dem Erreichen seiner Ziele zu bewerten. Leistungsdruck wurde von vielen Mitarbeitern deutlich reduzierter wahrgenommen, was die Motivation und Leistungsbereitschaft wiederum positiv beeinflusste. Zusätzlich wurde es erstmalig möglich, die Wertschöpfung der verwaltenden Bereiche in die Gesamtbetrachtung des Unternehmens miteinzubeziehen.

Dies führte zu einer merklich höheren Wertschätzung aller Beteiligten untereinander und zu einer deutlich höheren Akzeptanz der geleisteten Arbeit, zu einer größeren Transparenz und einem besseren Verständnis von Wertschöpfung im gesamten Unternehmen.

Darüber hinaus wurden die Zielvereinbarungsgespräche neu aufgesetzt. Es wurde echte Vereinbarungen angestrebt, bei denen beide Seiten – Führungskräfte wie Mitarbeiter – mit einem guten Gefühl »Ja« dazu sagen konnten. Einmaleffekte wurden besser beleuchtet und nicht mehr zwangsläufig auf das kommende Geschäftsjahr projiziert; Entwicklungsideen und -chancen von Seiten der Mitarbeiter bei der Formulierung der Ziele für das kommende Geschäftsjahr stärker berücksichtigt; ein wirklicher Austausch über Ziele und Aktivitäten in Gang gesetzt. Zusätzlich wurde vereinbart, Ziele nicht mehr nur in absoluten Zahlen zu definieren und zu messen, sondern auch in relativer Abhängigkeit von Markt- und Wettbewerbsentwicklungen. Wenn ein Anstieg der Ziele um fünf Prozent festgelegt worden war und die tatsächliche Erreichung dann bei drei Prozent lag, wurde die Marktentwicklung in Betracht gezogen. Befand sich das Marktwachstum beispielsweise bei nur zwei Prozent, so lag die Erreichung von drei Prozent zwar unter der Zielvereinbarung von fünf Prozent, aber doch im positiven Rahmen über dem allgemeinen Marktniveau, was als positive Leistung verbucht und anerkannt wurde.

In diesem Zusammenhang wurde auch das Übertreffen von Zielen nicht mehr als fast automatische Vorgabe genommen, um die Ziele des Folgejahres weiter nach oben zu schrauben. Auch hier war eine deutliche Entspannung auf Seiten der Mitarbeiter zu spüren. Nicht selten wurde nach dem Erreichen der eigenen Ziele sogar noch einmal richtig Gas gegeben, weil die sichere Zielerreichung noch einmal zusätzliche motivatorische Kräfte freisetzte – im Übrigen sicher kein Schaden für das Umsatzwachstum des Unternehmens.

Alles in allem hat es Barbara mit ihren Aktivitäten und ihrer Mühe geschafft, die Themen Leistung und Wertschöpfung in den Fokus aller zu rücken. Es vergeht kaum ein Tag, an dem nicht über Leistung und Wertschöpfung - und vor allem deren Steigerung - diskutiert wird. Und das nicht nur von denen, für die Leistungsmessung schon immer ein Thema war, sondern von allen Mitarbeitern über alle Ebenen hinweg. Dies hat zum einen zu sehr viel mehr Leistungstransparenz im Unternehmen geführt, zum anderen zu einer neuen Leistungsbereitschaft, gepaart mit höherer Leistungsverantwortung. Denn wo vorher von einigen Mitarbeitern Mechanismen entwickelt worden waren, um mehr Leistung zu vermeiden oder geringere Leistung zu vertuschen, gab es nun für alle verbindliche Kriterien, die als fair, motivierend und fördernd empfunden wurden.

Barbaras Beispiel zeigt, dass man Menschen in einem selbstorganisierten Umfeld dafür begeistern kann, sich mit Leistungsaspekten aktiv auseinanderzusetzen, indem man wertschöpfende Aspekte mitbetrachtet. Denn wenn der Begriff Leistung nicht mehr mit Druck, Zwang oder Qual gleichgesetzt wird, dann kann daraus ein Rahmen werden, durch den Freiwilligkeit, Freude und Weiterentwicklung entsteht.

Aber denken Sie bitte immer daran: Wenn Sie Zielsetzungen und die Betrachtung von Leistung mit einer Einstellung von Anweisung und Kontrolle betrachten, dann ist dies der sichere Weg, Leistung und Ergebnisse zu minimieren und Menschen kleinzuhalten.

6.
Hinfallen, aufstehen und besser werden

Wenn du zu wenig Erfolg hast, erhöhe die Geschwindigkeit, mit der du Fehler machst.

Thomas Edison

»Ich habe echt keine Ahnung, woher das kommt. Hier ist doch noch nie jemandem der Kopf abgerissen worden!«, sagte Marc, schüttelte selbst den Kopf und schaute aus dem Fenster. Wir arbeiteten seit Kurzem zusammen und waren dabei, die Selbstorganisation seines Teams weiterzuentwickeln. Als Teamleiter war Marc sehr daran interessiert, die Zusammenarbeit seiner elf Mitarbeiterinnen und Mitarbeiter voranzubringen. Sein Team erarbeitet Marketingmaßnahmen, mit denen die Produkte und Dienstleistungen des Unternehmens aktiv in den Markt hinausgetragen und platziert werden.

Marc selbst war vor etwas mehr als einem Jahr ins Unternehmen eingetreten. Seine Aufgabe bestand unter anderem darin, die Marketingaktivitäten moderner und frischer zu gestalten. Das Team arbeitete in der bestehenden Form schon einige Jahre zusammen, Marc übernahm seinerzeit also eine eingespielte Gruppe. Sein Einstieg verlief problemlos, zumal alle Mitglieder sich auf ihren neuen Leiter gefreut hatten – sie musstem bereits mehrere Monate ohne diese Funktion zurechtkommen, was niemandem so richtig gefallen hatte.

Marc brachte die Idee einer stark selbstorganisierten Zusammenarbeit schon früh ein und stieß damit auf sehr positive Resonanz beim gesamten Team. Er hatte dies in seinen vorigen Anstellungen bereits erlebt und damit stets gute Erfahrungen gemacht. Nicht nur die Produktivität und Kreativität hatten sich gesteigert, sondern auch der Teamspirit und Zusammenhalt waren immer besonders gewesen.

Deshalb war ihm dieser Punkt sehr wichtig, vor allem auch, weil er die selbstorganisierte Zusammenarbeit das erste Mal aus der Rolle als Teamleiter initiieren konnte.

Die Umsetzung gestaltete sich aus Marcs Sicht allerdings recht schwierig. Zwar hatte das gesamte Team seine Idee und die damit verbundenen Arbeits- und Vorgehensweisen grundsätzlich verstanden, trotzdem musste er bei Themen, die er lieber in der Selbstorganisation seines Teams gesehen hätte, immer wieder Impulse aus seiner Führungsrolle heraus setzen. Tat er dies nicht, geschah im Grunde nichts oder nur wenig. Es wurde zwar gearbeitet, aber Aufgaben, Inhalte und Vorhaben nicht aktiv und aus eigenem Antrieb vorangetrieben. Nahm Marc dann Einfluss, lief das Ganze mit einer guten Geschwindigkeit und aus sich selbst heraus, um anschließend wieder langsamer zu werden. So fragte er in der Personalabteilung nach Unterstützung und unsere Zusammenarbeit begann.

Zu einem sehr frühen Zeitpunkt führten wir einen Teamcheck durch. Mit diesem Ansatz beleuchteten wir vielfältige und ganz unterschiedliche Aspekte der Selbstorganisation. Unser Ziel war es, die Themen, Ansatzpunkte und Hebel zu finden, mit denen wir das Team darin und in seinem Reifegrad möglichst wirkungsvoll voranbringen konnten. Dabei kristallisierten sich unterschiedliche Punkte als sehr wichtig heraus. Einer stach allerdings besonders hervor.

Marc war bereits sehr oft aufgefallen, dass das Team deutliche Schwierigkeiten damit hatte, Entscheidungen zu treffen.

Unter anderem erlebte er dies im täglichen Miteinander. Immer wieder kamen Teammitglieder zu ihm, um nicht nur seine Meinung zu einer Entscheidung einzuholen, sondern auch, um sich dafür einen »finalen Segen« abzuholen – die Entscheidung also letztlich doch wieder ihm überließen. Dies zeigte sich besonders deutlich, wenn neue Themen, Kampagnen oder andere kleine und große Maßnahmen geplant werden sollten.

Marc hatte von Anfang an eingefordert, dass das Team sein gesamtes Wissen und Können stets als gemeinsame Ressource verstehen und aus dieser vereinten Kompetenz heraus die Entscheidungen treffen sollte. Es war ihm wichtig, dass die Umsetzungsverantwortung bei seinem Team lag, nicht bei ihm. Das fanden alle Teammitglieder toll, in der Praxis sah es aber ganz anders aus.

»Das Team plant sich manchmal zu Tode. Die finden dann kein Ende, da wird jeder noch so kleine Stein umgedreht und alle Eventualitäten in Betracht gezogen – und seien sie noch so unwahrscheinlich. Mittlerweile sind einige Teammitglieder von den Planungsmeetings schon echt genervt und haben überhaupt keine Lust mehr, daran teilzunehmen. Zwei oder drei Teammitglieder ziehen sich schon fast zurück und fangen an, ihr eigenes Ding zu machen, das gefällt mir gar nicht und ist auch alles andere als Erfolg versprechend. Die mögen einfach keine Entscheidungen treffen«, erzählte Marc mir.

Marc und ich haben dann eine Idee entwickelt, mit der wir den Hintergründen der beobachteten Verhaltensweisen näherkommen wollten.

Der erste Schritt bestand darin, dass ich mir einen eigenen Eindruck seiner Beobachtungen verschaffte. Und zwar nicht, weil ich seiner Wahrnehmung nicht traute, sondern weil eine Ursache für das Verhalten des Teams natürlich auch bei Marc selbst hätte liegen können.

Die erlernte Angst vor Fehlern

Menschen treffen täglich unendlich viele Entscheidungen. Jede kann richtig oder falsch sein. In der Umgebung einer traditionellen Arbeitswelt werden Entscheidungen für die meisten Menschen aber von anderen überwacht – in der Regel von Vorgesetzten oder auch von Kunden. Dabei werden richtige Entscheidungen meist als selbstverständlich hingenommen. Falsche dagegen haben oft unangenehme Konsequenzen. Diese können drastisch sein wie beispielsweise disziplinarische Folgen. Weitaus häufiger sind sie aber subtilerer Natur und laufen unterschwelliger ab. Ob ein tiefes, qualvolles Einatmen des Chefs, ein leichtes, polemisches Zucken der Augenbraue, ein ansatzweises Kopfschütteln oder eine nicht wertschätzende Bemerkung – solche nonverbalen und verbalen Signale stellen auch eine Form der Konsequenz dar. Diese sogenannten emotionalen Konsequenzen kommen beinahe täglich vor und rufen dann bei dem Betreffenden ein ungutes und negatives Gefühl hervor.

Mit emotionalen Konsequenzen werden wir alle nahezu ausnahmslos sehr früh in unserem Leben konfrontiert. Sie erfahren immer wieder neue Bestätigungen in ganz unterschiedlichen Umgebungen. Wir treffen als Kinder »falsche« Entscheidungen und werden von unseren Eltern korrigiert, kritisiert und manchmal auch richtig angemeckert.

Eine solche Einflussnahme lässt sich im Übrigen kaum vermeiden, da Erziehung eben nicht nur konstruktiv erfolgt – alles andere wäre wohl fast übermenschlich. Hinzu kommen unsere »falschen« Entscheidungen in der Schule, die dann in Form von Zensuren eine Konsequenz erfahren, die im schlimmsten Fall wiederum zu einer zusätzlichen negativen emotionalen Konsequenz im Elternhaus führt.

Nehmen wir als Beispiel einmal an, wir haben in der Grundschule ein Diktat geschrieben. Nehmen wir weiterhin an, das Diktat besteht aus einhundert Worten. Und nehmen wir ebenso an, dass wir uns bei dreien für eine falsche Schreibweise entschieden haben. Die Konsequenz ist, dass wir für unser Diktat mit drei Fehlern eine Zwei als Note erhalten. Was emotional nun – bei dem einen mehr, beim anderen weniger – negativ hängen bleibt, ist, dass wir keine Eins bekommen, weil wir drei Fehler gemacht haben. Nun werden Sie vielleicht sagen: »Ja, so ist das nun mal. Schule ist ja kein Kindergarten und irgendwie muss schulische Leistung ja beurteilt werden.«

Ich stimme Ihnen zu. Aber denken wir einmal darüber nach, ob wir den negativen emotionalen Anteil dabei nicht minimieren könnten, ohne die Fakten zu verändern. Wie wäre es zum Beispiel, wenn wir die Note Zwei dafür bekämen, dass wir siebenundneunzig Worte richtig geschrieben hätten? Welches Gefühl würde das als Konsequenz für unsere Entscheidungen bei uns auslösen?

So geht es dann in der Ausbildung und im Studium weiter, bis hin zur Kultur der Unternehmen, in denen wir tätig sind. Wir treffen mitunter »falsche« Entscheidungen und müssen dafür Konsequenzen tragen, die in vielen Fällen zu einer negativen Emotion bei uns führen. Und überall wird die vorherrschende Kultur des Umgangs mit Fehlern immer ganz wesentlich von Personen bestimmt, die Leistung bewerten: Eltern, Erzieher, Lehrer, Ausbilder, Professoren, Chefs.

Wenn Menschen nun wiederholt negative Signale für falsche Entscheidungen empfangen, entwickeln sie Verhaltensweisen, mit denen sie emotionale Konsequenzen umgehen können. Eine dieser Strategien ist das Vermeiden von Entscheidungen, eine andere der Versuch des intensiven Vorausplanens, um alle Eventualitäten, besonders die mit den negativen Auswirkungen, im Vorwege in den Griff zu kriegen. Beides – sowohl die mangelnde Bereitschaft, Entscheidungen zu treffen, als auch das sehr ausgeprägte Vorausplanen, um Fehler zu vermeiden war – in Marcs Team deutlich zu beobachten.

Verstehen Sie mich richtig: Ich sage ausdrücklich nicht, dass jeder Mensch die skizzierten Verhaltensweisen zeigt und schon gar nicht in gleicher Intensität. Das hängt von unendlich vielen individuellen Faktoren ab. Aber ein vermeidender Umgang mit Fehlern ist dermaßen weitverbreitet, dass er einen häufigen Hinderungsgrund für selbstverantwortliches und agiles Arbeiten darstellt. Stellvertretend sei hier die folgende Aussage eines Abteilungsleiters zum Thema Fehlerkultur in seinem Unternehmen zitiert: »Ich sage Ihnen das ganz ehrlich, wenn ich hier einen Fehler mache, dann sehe ich als Erstes zu, dass es keiner mitkriegt!«

Sie dürfen mutmaßen, welche Art der Fehlerkultur in dieser Firma vorherrscht. In Marcs Fall ging es erst einmal darum, herauszufinden, ob er selbst einen Anteil an diesem Verhalten seines Teams trug oder es unbewusst auslöste und förderte. Es war für mich aber schnell erkennbar, dass Marc hier nicht ein negativ beeinflussender Faktor war. So konnten wir den zweiten Schritt tun und die Ursachenforschung mit dem Team angehen.

Marcs Team hatte alle drei Wochen eine Planungsrunde, in der die Aktivitäten für die nächsten drei festgelegt wurden. Am Ende dieses Zeitraumes wurden Ergebnisse oder Zwischenstände präsentiert und weitere Aktivitäten in die Umsetzung gebracht. Dies geschah im Rahmen von Reviews, an denen nicht nur Marc und das Team teilnahmen, sondern auch Stakeholder aus dem Vertrieb, der Geschäftsführung oder anderen beteiligten Abteilungen des Unternehmens, die von den Teamergebnissen profitierten und davon zum Teil abhängig waren. Ich nahm an diesen Reviews teil und konnte schnell merken, dass kritisches Feedback von Stakeholdern auf das Team einen enorm großen Einfluss hatte.

Dem einen gingen dessen Aktivitäten nicht weit genug, dem anderen wurden Themen nicht schnell genug bearbeitet. Da wurde hier um eine Korrektur gebeten und dort ein völlig neuer Ansatz favorisiert. Alles hatte, wie ich persönlich fand, kein sehr ungewöhnliches Ausmaß.

Es handelte sich vielmehr um im Geschäftsleben durchaus normale Situationen wie beispielsweise Änderungs- oder Verbesserungswünsche, wenn man das erste Mal ein konkretes Ergebnis in Augenschein nehmen kann. Oder um eine neue Lage bei Kunden, durch die erbrachte Ergebnisse noch einmal angepasst werden mussten. Oder um veränderte Zeitpläne, die auf die längerfristige Planung Einfluss nahmen. Kurz: Nicht alles, was das Team in einem dreiwöchigen Zyklus produzierte, wurde mit stehendem Applaus begrüßt. Aber das Wenigste an kritischem Feedback konnte als außergewöhnlich hart bezeichnet werden.

Allerdings waren in der Art und Weise des Feedbacks der Stakeholder doch subtile Signale spürbar, die vom Team sehr feinfühlig aufgenommen wurden – das musste auch ich zugeben. Und so wurden einzelne Teammitglieder mit jeder Änderungsbitte oder jeder Aufforderung, etwas anzupassen, »kleiner« und »stiller«, obwohl die Atmosphäre alles in allem nicht destruktiv war. Da hatten wir also den ersten ursächlichen Aspekt gefunden, der für die mangelnde Entscheidungsfreude und das extrem umfangreiche Planen verantwortlich sein konnte: die sehr sensible Reaktion des Teams auf das Feedback der Stakeholder zur geleisteten Arbeit.

Nach dieser Analysephase thematisierten Marc und ich im zweiten Schritt die Beobachtungen nun mit dem Team in einem der Regeltermine, die stets nach dem Review stattfanden. Das Team hatte dann immer einen eineinhalbstündigen Zeitraum für eine Retrospektive.

Entscheidungsverhalten fördern

In der Regel bestand sie in einer Reflexion der vergangenen drei Wochen, bei der darauf geblickt wurde, was gut und weniger gut gelaufen war und nach möglichen Verbesserungen gesucht wurde, die die Zusammenarbeit und zukünftigen Ergebnisse positiv beeinflussen konnten.

In diesen Retrospektiven waren auch früher schon das teamspezifische Entscheidungs- und Planungsverhalten besprochen und sogar oftmals Maßnahmen zur Optimierung beschlossen worden. Allerdings scheiterten die meisten dann in der Umsetzung im Alltag. In den vergangenen Monaten hatte es dazu bereits so viele Beschlüsse gegeben, dass wahrscheinlich kein Teammitglied von sich behaupten konnte, überhaupt noch den Überblick darüber zu haben. Für mich ein kleiner Ausdruck von Verzweiflung.

Als Externer hatte ich es etwas leichter, das Thema nun – zum wiederholten Male – anzusprechen. Marc war an diesem Punkt mit seinem Latein bereits etwas am Ende und das Team reagierte bei ihm auch nicht mehr so offen, wenn es »mal wieder« um Entscheidung und Planung ging. Also schilderte ich meine Beobachtungen aus den Review-Terminen und befragte das Team direkt nach dessen Eindrücken und Empfindungen dazu.

»Der Vertrieb ist hier nie zufrieden, die mäkeln immer rum«, sagte Petra, eine der Product Ownerinnen. »Ich bin jetzt neun Jahre in dem Laden und habe vier Vertriebsleiter erlebt. Aber ich habe noch keinen kennengelernt, der mit der Arbeit des Marketings zufrieden gewesen ist. Immer ist irgendetwas falsch.«

Cord, einer der Kampagnenverantwortlichen, ergänzte: »Das ist nicht nur der Vertrieb. Die Geschäftsführung ist genauso. Wir sind nicht schnell genug, dann muss wieder etwas anders sein oder es ist komplett falsch – irgendwas ist ja immer. Da kannst du dir noch so viel Mühe geben, alles richtig zu machen, klappt nie!«

Nahezu das gesamte Team konnte aus seiner Historie solche Eindrücke schildern. Für die meisten Teammitglieder bedeuteten Feedback und Korrekturen von Seiten der Stakeholder, dass sie etwas falsch gemacht hatten. Marie, eine Texterin, schilderte sogar, dass es früher im Marketing zwei Kolleginnen gegeben habe, die aufgrund von Fehlern entlassen worden seien. Auf meine Frage, wer das gewesen und wann dies passiert ist, antwortete sie: »Die haben wir hier alle nicht mehr erlebt, das war vor unserer Zeit. Aber das ist echt so gewesen.«

Marc und ich haben drei der Retrospektiven damit verbracht, diese und andere Geschichten zu erfahren. Die Offenheit des Teams stieg von Termin zu Termin und Marc konnte jedes Mal etwas stärker die Moderation übernehmen, damit ich als Externer nicht zu sehr in den Mittelpunkt geriet. Ich unterhielt mich zwischen zwei Terminen mit dem Geschäftsführer, der mir glaubhaft versicherte, dass er sich nicht daran erinnern konnte, dass jemals ein Mitarbeiter des Marketings wegen eines Fehlers gekündigt worden war. »Es gab im Marketing immer mal wieder Personalabgänge, aber nie eine Entlassung wegen eines Fehlers – nicht in den zweiundzwanzig Jahren, die ich hier bin. Und Marketing habe ich im Unternehmen eingeführt, ich müsste das also wissen. Ich habe diese Geschichten auch schon mal gehört, weiß aber nicht, woher die kommen.«

Solche Situationen habe ich oft erlebt. Da überleben solche »Angstszenarien« ganze Generationen von Mitarbeitern und am Ende kann keiner mehr sagen, woher sie kommen und ob sie wahr oder falsch sind. Die Folgen sind jedoch, wie im Fall des Teams von Marc, enorm.

Die Weiterentwicklung von Mitarbeitern, Selbstorganisation und Agilität entstehen nicht oder bleiben an einem Punkt hängen, wenn Mitarbeiter sich nicht trauen, zu entscheiden. Führungskräfte kommen aus der Rolle nicht heraus, dass vieles, vielleicht sogar alles, über ihren Schreibtisch geht. Mittels mikroskopischer Planung wird versucht, jede noch so kleine Fehlereventualität in Betracht zu ziehen und Lösungen für Probleme zu finden, die noch gar nicht entstanden sind. Und dieses Verhalten zeigen sowohl Mitarbeiter als auch Führungsetagen. Am Ende führen solche Verhaltensweisen aber nur zu einem sehr langsamen Tempo, zu Verschleierungstaktiken und schlimmstenfalls zu Stillstand. Förderlich sind sie selten, weder für das Unternehmen noch für die Menschen, die darin arbeiten.

Marc und ich konnten dann tatsächlich noch einige Vorfälle in Erfahrung bringen, bei denen der Umgang mit Fehlern nicht gut gelaufen war. Da mussten ausgiebige Reports geschrieben werden, um die Fehlerentstehung und -entwicklung nachvollziehbarer zu machen. Da gab es Führungskräfte, die Misserfolge Einzelner vor versammelter Mannschaft breitgetreten hatten. Oder es wurde ausgiebig nach dem Verursacher und Schuldigen gefahndet, statt sich auf die Lösung des Problems zu fokussieren. Allerdings waren alle Personen, die in der Vorzeit dafür verantwortlich gezeichnet hatten, schon lange nicht mehr im Unternehmen. Und niemand in Marcs Team konnte berichten, dass ihm selbst so etwas passiert war.

So gingen Marc und ich dann an den dritten Schritt unserer Idee zur Lösung und Verbesserung der Situation. Dazu hatten wir zwei Themengebiete ausgewählt, die Marc dann mit seinem Team fokussierte: Zum einen den Umgang mit Kritik von Seiten der Stakeholder, zum anderen den mit Fehlern, also die Einführung einer neuen Fehlerkultur.

Vom konstruktiven Umgang mit Fehlern

Marc führte intensive Gespräche mit seinem Team über die Herangehensweise an das Feedback der Stakeholder. Dabei war wichtig, dass das Team einige grundsätzliche Annahmen verinnerlichte, um nicht immer nur mit einer Form von Rückzug zu reagieren und selbst handlungsfähig zu bleiben. Als Erstes beschloss das Team, den negativ besetzten Begriff Kritik konsequent durch das neutralere Feedback zu ersetzen. Was vielleicht zunächst wie eine Wortspielerei klingt, war für das Team jedoch eine wirkungsvolle Maßnahme. Es stellte nämlich fest, dass es sich bei der Annahme von Feedback nicht zwangsläufig rechtfertigen und daraus auch nicht zwingend eine Handlung für sich ableiten muss. Dies ermöglichte vielen Teammitgliedern eine ruhigere und damit weniger emotionale Reaktion.

Zuzuhören war vielen plötzlich leichter möglich – einzelne Aspekte zu hinterfragen und schlussendlich darüber nachzudenken, ob man angesprochene Punkte in die eigene Betrachtung und Vorgehensweise übernehmen wollte, ebenso. Der Umgang war fortan weniger durch Verteidigung und Rückzug geprägt als vielmehr durch Auseinandersetzung und die Bereitschaft zur Weiterentwicklung von Ideen und Anregungen.

Genauso wichtig war die Etablierung der Erkenntnis, dass man niemals würde ändern oder verhindern können, dass andere Personen ihre ganz eigenen, möglicherweise vom Team abweichenden und kritischen Sichtweisen zu Themen haben. Die bis dahin vorherrschende Erwartungshaltung, die Stakeholder müssten doch die Sichtweise des Teams annehmen und dessen Arbeiten wertschätzen, wurde deutlich heruntergeschraubt, was ebenfalls zu einer spürbaren Entspannung im Team und auch den Review-Terminen mit den Stakeholdern führte.

Was als Binsenweisheit im Sinne von »Ändere deine innere Einstellung und es ändert sich etwas nach außen« erscheinen mag, ist in der Praxis durchaus wichtig und gar nicht so einfach zu etablieren. Marc formulierte seine Beobachtungen einmal so: »Ich weiß nicht, ob die Teammitglieder das wirklich alle verinnerlicht haben. Man merkt dann und wann immer noch eine sehr sensible Reaktion auf kritische Äußerungen. Aber das gesamte Team kriegt sich schneller wieder ein und handelt lösungsorientierter – und zwar ohne, dass ich da großartig eingreifen muss.«

Mir persönlich fiel immer wieder Cord auf, der in einer guten moderativen Art das Team an folgende Punkte erinnerte: »Hey Leute, was haben wir uns vorgenommen? Das ist Feedback, und ob das Kritik ist, entscheiden doch wir. Lasst uns jetzt sehen, was wir mit den Rückmeldungen von den Stakeholdern machen und wie wir das berücksichtigen oder daraus bessere Ideen entwickeln.« So hatte der erste Teil unseres Lösungsansatzes eine positive Wirkung gehabt und gab uns eine gute Grundlage für den zweiten.

Ich hatte mit Marc über ein Prinzip gesprochen, das den Umgang mit Fehlern vielfach verbessern und gleichzeitig das Planungsverhalten von Teams beeinflussen kann.

Wir wollten das Team ermuntern und es dabei unterstützen, Fehler schnell und offen zu identifizieren, möglichst zeitnah die Lehren daraus zu ziehen und diese für alle transparent zu machen. So begann Marc, dem Team das

»Fail-Fast-Prinzip« vorzustellen und mit Leben zu füllen. In nahezu allen Zusammenkünften des Teams wurde immer auch die Frage gestellt, was schiefgelaufen war und was daraus gelernt werden konnte. Anfänglich war hier eine große Zurückhaltung zu spüren. Aber von Woche zu Woche wurde die Scheu weniger, offen darüber zu sprechen, was dem Einzelnen nicht gelungen war. Das Team selbst schlug dann sogar vor, regelmäßig den »Fehler des Monats« zu wählen. Als Trophäe sollte der Sieger einen kleinen Pokal erhalten, den er vier Wochen bis zur nächsten Wahl an seinem Arbeitsplatz aufstellen konnte.

Als hauptsächliches Kriterium dafür galt nicht der Fehler selbst, sondern der Lernwert der daraus gewonnenen Erkenntnisse für das Team.

Auch hier haben Marc und ich häufig darüber gesprochen, ob einzelne Teammitglieder das Fail-Fast-Prinzip wirklich verinnerlicht hatten. Uns beiden fiel jedoch auf, dass das Team auch in den Planungsmeetings schneller handlungsfähig war und sich viel häufiger selbstregulativ steuerte. »Da können wir jetzt noch drei Jahre drüber diskutieren, das bringt nichts. Lasst uns Fail Fast machen. Wir legen das jetzt mit unserem heutigen Wissen fest und sehen, wo wir in zwei Tagen stehen. Dann schauen wir noch einmal drauf, was wir bis dahin erreicht haben und sehen, was wir daraus gelernt haben. Und dann passen wir die Planung gegebenenfalls an. Aber lasst uns zusehen, dass wir in Schwung kommen, sonst sitzen wir morgen immer noch hier.« Diese Art von Aussage konnte man sehr häufig aus dem Team hören und die Verantwortung, auf diesen Punkt zu achten, wurde von ganz vielen unterschiedlichen Mitgliedern übernommen.

Marcs Team hat in dieser Zeit deutlich gelernt, besser mit kritischen Rückmeldungen umzugehen und diese konstruktiver zu verarbeiten. Diese eher mentale Auseinandersetzung ist nicht immer leicht und braucht ihre Zeit. Sie ist aber in den meisten Fällen die Grundlage dafür, dass wir andere methodische Ansätze finden und praktizieren können, die den Umgang mit Fehlern leichter machen und uns in einer Handlungsfähigkeit halten.

Das Thema des Umgangs mit Fehlern ist sicherlich eines der anspruchsvollsten in einem selbstorganisierten Umfeld. Es ist gleichzeitig aber auch eines der wichtigsten. Wenn in einer selbstorganisierten Umgebung die Fehlerkultur nicht stimmt und Fehler als Makel verstanden werden, die schlimmstenfalls negative emotionale Konsequenzen nach sich ziehen, dann kann Selbstorganisation nicht gelingen. Hinzu kommt, dass in einer solchen Umgebung auch stets ein niedriges Innovationsniveau herrscht – ein Umstand, den sich in der heutigen Zeit kaum noch ein Unternehmen leisten kann.

Nun könnte man bei dem Begriff der Fehlerkultur wieder den Bogen zu den Management- und Führungsebenen schlagen und die Erwartung äußern, dass diese doch bitte mit einer positiven und konstruktiven Führungskultur für eine ebensolche Fehlerkultur sorgen sollten. Das ist in der Praxis aber der schwächere und manchmal auch falsche Ansatz. Kultur lässt sich nicht von oben nach unten in eine Organisation hineinbringen, geschweige denn anweisen – auch nicht eine Fehlerkultur.

Kultur ist immer und entsteht vor allem dadurch, dass Menschen miteinander arbeiten. So muss eine Änderung der Fehlerkultur bei denjenigen ansetzen, die täglich damit in Berührung kommen – den Mitarbeitern. Hier sollten Rahmenbedingungen geschaffen werden, um eine andere und neue innere Haltung im Umgang mit Fehlern zu lernen und zu praktizieren. Mitarbeiter müssen die Gelegenheit haben, ihre eigenen passenden Methoden dafür zu entwickeln. Dann kann eine neue Art der Fehlerkultur entstehen und Fehler können als Wertschöpfung für alle Beteiligten und das ganze Unternehmen angesehen werden. Niemand von uns wäre heute da, wo er ist, wenn er nicht Fehler gemacht hätte.

Gerade in unserer sich rasant verändernden Welt wird es immer wichtiger, Fehler möglichst schnell zu identifizieren, um rasch die richtigen Korrekturen einzuleiten und daraus lernen zu können. Dabei müssen wir zum einen begreifen, dass Planung vielfach nicht mehr zu hundert Prozent erfolgen kann und muss, sondern uns nur die nächsten absehbaren Schritte ebnen sollte. Zum anderen, dass Menschen Entscheidungen treffen dürfen müssen. Das aber erfordert eine Ermächtigung der Personen und eine Umgebung, die Fehler nicht bestraft – weder disziplinarisch noch emotional.

Denken Sie in diesem Zusammenhang an den Slogan von Hertha BSC: We try. We fail. We win. Versuchen, scheitern, gewinnen! Ein solches positives Motto beeinflusst die Fehlerkultur, macht Mut zum Lernen und hilft, eine gesunde Einstellung zu finden und nicht alles bis ins Detail planen zu müssen. Denn Planung ist letztlich nichts anderes als der Versuch, im Vorwege alles möglichst perfekt zu machen. Perfektion gibt es aber nur selten und wenn, ist sie meistens nicht von Dauer. Die Bestsellerautorin Charlotte Link schreibt in einem ihrer Bücher: »Menschen, die besonders perfekt wirken, sind in Wahrheit nur perfekt darin, die Dinge zu verbergen, die in ihrem Leben nicht richtig stimmen.« In einer gesunden Fehlerkultur sollte aber niemand etwas verbergen müssen, um den Anschein des Perfekten zu erzeugen.

7.

Viele Köche verbessern das Ergebnis

E pluribus unum – Aus vielen eines

Im Laufe meiner beruflichen Tätigkeit habe ich sehr viel Zeit mit Projektteams verbracht. Bei vielen unserer Kunden lag immer ein besonderer Fokus darauf, nicht nur die fachlichen Fertigkeiten, sondern auch die weichen Faktoren für erfolgreiche Projektarbeit gut aufzusetzen und weiterzuentwickeln.

Am Rande eines Vortrages, den ich einmal zu diesem Themengebiet hielt, lernte ich Matthias kennen. Er kam während der Veranstaltung auf mich zu und sprach mich an: »Ich glaube, wir sollten mal einen Termin machen. Was Sie gerade vorgetragen haben, ist etwas, was uns in unseren Projekten wohl fehlt. Und ehrlich gesagt habe ich da nicht ausreichend Know-how, um das bei uns zu etablieren.«

Matthias ist Abteilungsleiter in einem metallverarbeitenden Unternehmen mit über zweitausend Mitarbeitern. Er kümmert sich mit seinem Team um spezielle, meistens sehr individuelle Kundenanfragen. Die Bauteile, die in seiner Abteilung hergestellt werden, sind ausschließlich Prototypen oder Produkte mit sehr kleiner Stückzahl. Da sie meist von der Idee bis zur Fertigung begleitet werden und dabei häufig sehr viele Modifikationen durchlaufen, herrscht in seiner Abteilung eine außerordentlich hohe Dynamik. Gehen die Bauteile später in die Serienproduktion, wird diese nicht mehr von Matthias und seinen Mitarbeitern verantwortet, sondern von anderen Abteilungen des Unternehmens.

In seinem Bereich wird die Fertigung eines einzelnen Bauteils immer als Projekt geführt. Im klassischen Lehrbuchverständnis trifft dies zu: Die Herstellung eines Bauteils ist befristet und stellt für die Abteilung von Matthias nahezu immer eine Einmaligkeit und einen definierten Rahmen in Bezug auf Zeit, Kosten und Qualität dar.

Was im ersten Moment sehr berechenbar klingt, trifft aber nur auf den letzten Abschnitt einer Bauteil-Geschichte zu, der eigentlichen Fertigung. Der Weg dorthin dauert häufig weitaus länger: Bis feststeht, wie ein Bauteil aussehen soll, vollzieht sich ein umfangreicher, innovativer Prozess mit vielen Unbekannten und einer sehr hohen Dynamik. Gedanken werden dabei immer wieder über den Haufen geworfen, um neuen Ideen Platz zu machen.

Genau in diesem Abschnitt zwischen der ersten Kundenanfrage und der finalen Fertigung bestanden die damaligen Herausforderungen von Matthias. »Ich komme mir manchmal vor, als wäre unsere Abteilung ein kleines gallisches Dorf im Unternehmen. Wir sind auf unheimlich viele andere Abteilungen angewiesen. Da brauchen wir Informationen und Know-how aus anderen Ingenieurabteilungen oder auch aus dem Finanz- oder Rechtsbereich. Das ist irrsinnig schwer, weil diese Abteilungen einen völlig anderen Arbeitsrhythmus haben. Wir brauchen manchmal innerhalb weniger Stunden eine Antwort oder eine fachliche Expertise, warten dann aber oft Tage – das macht das Arbeiten echt schwer.

Neulich mussten wir einige geleistete Arbeiten noch einmal deutlich zurückspulen, weil uns die Rechtsabteilung einen Strich durch die Rechnung gemacht hat. Das ist nicht nur anstrengend und ärgerlich, das macht auch einen ganz schlechten Eindruck beim Kunden.«

Matthias äußerte den Wunsch, gemeinsam mit seinen Projektleitern Workshops durchzuführen, damit diese die nicht direkt ins Projekt einbezogenen Abteilungen und deren Mitarbeiter besser steuern konnten. Ein verständlicher Wunsch, wie ich damals fand. Und so gingen wir in die ersten Planungstreffen, die im Unternehmen von Matthias stattfanden. In diesen Gesprächen fiel mir etwas auf, das in der Praxis nicht mit einem oder mehreren Workshops zu lösen war.

Silodenken schwächt

Ich bat Matthias um die Beschreibung der personellen Zusammensetzung eines seiner typischen Projektteams. »Neben dem Projektleiter sind meist drei bis sechs Ingenieure beteiligt. Das sind alles sehr gut ausgebildete Spezialisten, die die jeweilige Branche kennen, sehr viel Erfahrung mit unterschiedlichen Materialien haben und über den Produktionsprozess gut Bescheid wissen.«

Die Fragen, ob auch Mitarbeiter aus der Produktion selbst zu den Projektteams gehörten oder andere Mitarbeiter aus projektrelevanten Abteilungen hinzugerufen wurden, verneinte Matthias. Ich gewann den Eindruck, dass die Aufstellung der Teams eher traditionell geprägt war und nicht den wirklichen Erfordernissen der Projekte entsprach.

Darauf angesprochen sagte Matthias: »Die Einbindung von anderen Abteilungen in unsere Projekte war bisher nicht vorgesehen.

Wir haben es hier im Unternehmen schon ein wenig mit Silodenken zu tun. Da bleibt jeder lieber in seiner Abteilung, das ist irgendwie historisch gewachsen.«

Nach diesem Austausch kamen Matthias und ich zu der Erkenntnis, dass wir keine Workshops für seine Mitarbeiter durchführen sollten, sondern einen anderen Weg gehen wollten. In agilen Umfeldern wird nahezu ausschließlich in crossfunktionalen Teams gearbeitet, was ins Deutsche übertragen wohl am ehesten dem interdisziplinären oder abteilungs- beziehungsweise fachübergreifenden Ansatz entspricht.

Dieser ist in vielen traditionell geprägten Unternehmen immer noch unterrepräsentiert. Wie im Fall von Matthias kommt es häufig zu starken Abgrenzungen zwischen einzelnen Fachbereichen und die Bezeichnung Abteilung wird zum Programm. Aus vielen Abteilungen resultiert dann eine buchstäbliche Ab-Teilung mit allen Folgen für das Unternehmen, die Mitarbeiter oder die Projekte.

Die Ursachen dafür sind wahrscheinlich mannigfaltig. Da gibt es Abteilungen, in denen sehr stark und abgegrenzt in den eigenen Kompetenzen gedacht und gehandelt wird. Es existiert wenig Bereitschaft, sich für die Fachlichkeit von anderen Abteilungen zu interessieren. Aber auch die zunehmende Verdichtung von Arbeit tut ihren Teil dazu. Wenn das Gefühl besteht, dass immer mehr mit immer weniger Personen geleistet werden muss, sinken die Offenheit und Bereitschaft, sich mit Inhalten und Themen auseinanderzusetzen, die deutlich außerhalb des eigenen Wirkungskreises liegen. Häufig spielt auch die Art und Weise, wie Unterstützungsanfragen aus anderen Abteilungen gestellt oder aufgenommen werden, eine große Rolle. Im Fall von Matthias geschah dies oft kurzfristig und unter Zeitnot. Gepaart mit dem Unwissen über die Zusammenhänge und Abhängigkeiten des entsprechenden Projektes, war es für viele der angefragten Mitarbeiter schwierig, die jeweilige Anfrage richtig zu priorisieren. Das Nachfassen aus dem Projekt wurde dann sehr oft als zusätzlicher Druck empfunden, was der konstruktiven Zusammenarbeit auch nicht unbedingt förderlich war.

Im ersten Schritt vereinbarten wir einen Termin mit der Geschäftsleitung, um an höchster Stelle für Unterstützung zu werben. Was uns dabei erheblich zugutekam war, dass die Abteilung von Matthias ein entscheidendes Alleinstellungsmerkmal des Unternehmens darstellte. Aber auch ohne diesen Aspekt zeigte sich der für die Produktion verantwortliche Geschäftsführer sehr aufgeschlossen, da auch ihm das ausgeprägte Silodenken im Unternehmen ein Dorn im Auge war.

So konnten wir den nächsten Schritt unseres Vorgehens in Angriff nehmen. Wir wollten mit möglichst vielen Abteilungsleitern einen Workshop durchführen, um sie zunächst für die Situation und die daraus resultierenden Auswirkungen zu sensibilisieren. Da die Einladung dazu von der Geschäftsführung ausgesprochen wurde, konnten wir uns über eine rege

Teilnahme freuen. Mittels einiger Aufgabenstellungen, die auf sehr praktische Art und Weise deutlich machten, wie ineffizient das abgegrenzte Abteilungsdenken war, gelang es uns, eine rege Diskussion in Gang zu setzen.

Interessanterweise äußerten sehr viele der anwesenden Abteilungsleiter, dass auch sie die bestehenden Arbeits- und Verhaltensweisen als hinderlich empfanden und sich eine Veränderung wünschten. Ein Umstand, der mir nicht zum ersten Mal begegnete: Silodenken führt in Unternehmen meistens zu mehrdimensionalen Auswirkungen. Wenn man Abteilungen isoliert befragt, hört man viele Klagen. Aber ebenso symptomatisch für eine von Silodenken geprägte Kultur ist, dass trotzdem nicht der proaktive Austausch mit anderen Abteilungen gesucht wird. Alle leiden, aber niemand initiiert eine Lösung – was rational kaum nachvollziehbar klingt, ist ein erstaunlich weitverbreitetes Phänomen.

Wenn man Veränderungen in diesen festgefahrenen Strukturen von außen begleitet, ist die Unterstützung aus der Geschäftsführungsebene der wichtigste und gleichzeitig wirkungsvollste Aspekt. Denn da die meisten solcher Konstellationen über viele Jahre und Mitarbeitergenerationen gewachsen sind, regeln sie sich kaum eigenverantwortlich und selbstorganisiert. Vor allem deshalb nicht, weil die Betroffenen in ihrem Silodenken gefangen sind und nur sehr selten versuchen, daraus auszubrechen. Und selbst wenn es geschieht, beschränken sich diese Bemühungen oft auf zwei, maximal drei Abteilungen und es ist ganz wesentlich den Beteiligten und deren persönlichen Verhältnis zueinander zu verdanken, wenn es in kleinem Umfang gelingt.

Die Unterstützung der Geschäftsleitung war uns im Fall von Matthias gewiss. Erst recht, als wir im Workshop mit den Abteilungsleitern ebenfalls die große Aufgeschlossenheit hervorrufen konnten. Wir planten also einen Folge-Workshop, in dem wir über eine neue Art der Projektarbeit sprechen wollten. Neben klassischen Elementen, wie wir sie aus dem agilen und selbstorganisierten Arbeiten kennen, war das Arbeiten in crossfunktionalen Projektteams der entscheidende Punkt.

Crossfunktional geht's besser

Zukünftig sollte der Auftakt eines neuen Projektes in einem maximal einstündigen Initiierungsmeeting bestehen, in dem die wesentlichen Projektziele und Rahmenbedingungen abgestimmt wurden. Dabei sollte mindestens eine Person aus den Abteilungen der Produktion und der Verwaltung anwesend sein, zum Beispiel aus den Abteilungen Finanzen und Controlling, HR oder Recht. Denn so konnte gewährleistet werden, dass alle Abteilungen rechtzeitig über Projekte informiert wurden und die groben Rahmenbedingungen kannten, um eventuell erforderliche Zuarbeiten einplanen zu können.

Der vermutete beziehungsweise gewünschte Bedarf sollte dann von der Projektleitung bereits im Initiierungsmeeting aufgezeigt werden, auch wenn dies in einem so frühen Stadium natürlich nur sehr grob möglich war. Die exakten Zeitpunkte sollten in zunehmendem Projektverlauf und kurzen Abständen aktualisiert und kommuniziert werden, um eine genaue Planung aufzustellen.

Im Initiierungsmeeting sollten zudem alle Abteilungen fachspezifische oder persönliche Fragen stellen und eigene Hinweise geben können, um Missverständnisse und Informationsmängel zu minimieren und der Projektleitung zu helfen, die gesamte Planung noch umsichtiger und genauer durchzuführen. Besonders aus diesem Punkt ergaben sich später in der Umsetzung schon zu einem sehr frühen Zeitpunkt formelle und auch informelle Kommunikationswege. Ein Umstand, der eine ganz wesentliche Verbesserung darstellte und nach Aussage der Geschäftsleitung mit Geld kaum aufzuwiegen war.

Nach dem Initiierungsmeeting sollte dann das eigentliche und erweiterte Projektteam zusammengestellt werden. Neben dem Projektleiter gehörten alle Ingenieure, die mit der Planung und Konstruktion der Bauteile betraut waren, zum engeren Projektkreis. Darüber hinaus aber auch Kundenbetreuer sowie ein bis zwei Mitglieder aus der Fertigung. Deren enge Einbindung ermöglichte eine frühzeitige Berücksichtigung von produktionsrelevanten Aspekten, was sowohl den Konstrukteuren als auch den Kunden selbst zu einem sehr viel besseren Verständnis von Zusammenhängen verhalf und gleichzeitig die innovativen Prozesse optimierte.

Zum erweiterten Kreis sollten dann alle Personen gehören, die eine Zuarbeit leisteten oder diese im Laufe des Projektes leisten würden - unabhängig davon, wann ihre Mitarbeit gefordert wurde. Dadurch konnten beispielsweise Kaufleute sehr früh involviert werden, obwohl ihre Tätigkeit erst Wochen später erfolgte. Oder auch die Juristen des Unternehmens, die mit dem Initiierungsmeeting zum erweiterten Kreis des Projektteams gehörten, obwohl sie erst am Ende eines Projektes aktiv wurden.

In der Praxis war dann jeweils ein Vertreter einer Fachabteilung als erweitertes Projektmitglied abgestellt. Diese Personen hatten die Aufgabe, die gewonnenen Informationen in ihren Fachabteilungen weiterzugeben. Auf diesem Weg konnten sehr viele Aspekte aus den unterschiedlichsten Fachkompetenzen frühzeitig in die Ideenfindung und den Projektverlauf einfließen und dadurch Reibungsverluste, Blindleistungen und doppelte Tätigkeiten auf ein Minimum reduziert werden.

Das Kernteam führte dann während seines Projektes sogenannte Daily Stand-ups durch. Hierbei handelte es sich um morgendliche Treffen mit zum Teil remote zugeschalteten Teammitgliedern und einer maximalen Länge von fünfzehn Minuten. Diese Meetings heißen Stand-up, weil sie tatsächlich im Stehen stattfinden - und zwar direkt in einem Arbeitsbereich des Projektteams, also nicht in einem Besprechungsraum. Dabei tauschten sich die Teammitglieder über ihre Ergebnisse vom Vortag aus.

Sie besprachen, womit sie in den kommenden Stunden jeweils beschäftigt sein würden und welche Aspekte gegebenenfalls ein gezieltes Vorankommen behinderten. Damit wurde nicht nur eine hohe Transparenz bei allen Teammitgliedern über den Stand der Dinge geschaffen. Auch Hindernisse konnten sehr früh erkannt und aus dem Weg geräumt werden, bevor größerer Schaden entstand.

Zum jeweils letzten Daily Stand-up der Woche kam das gesamte erweiterte Projektteam hinzu, wodurch dieses Meeting dann zu einem Weekly Stand-up wurde. Mit dreißig bis fünfundvierzig Minuten dauerte er deutlich länger. Kein Wunder: Denn zum einen waren einfach mehr Teilnehmer anwesend, zum anderen war die Menge an Informationen deutlich umfangreicher, weil über den Verlauf der vergangenen und die Vorhaben der kommenden Woche informiert wurde. Der Gewinn durch dieses wöchentliche Meeting bestand in einer deutlicheren Klarheit sowie einem intensiven Informationsfluss bei allen Beteiligten. Abgesehen davon entstanden zwischen den Personen der einzelnen Fachabteilungen persönliche Bindungen und ein informeller Austausch, der nach einigen Monaten weit über die Projektarbeit hinausging. Auch das Verständnis für die Tätigkeit der anderen sowie deren Arbeitsweisen wurde deutlich gesteigert.

Das Kernteam ging auch dazu über, die Planung des Projektes in kurzen Abständen zu prüfen und entsprechend zu korrigieren, wenn es notwendig war. In einem zweiwöchigen Rhythmus wurde ein Planungstreffen durchgeführt, in dem die Tätigkeiten der kommenden beiden Wochen konkret festgelegt und die durchzuführenden Aufgaben auf die Projektmitglieder verteilt wurden. Der wohl wesentlichste Unterschied zu klassischen Projektplanungsmeetings bestand darin, dass nicht nur To-dos festgelegt und auf die Teammitglieder verteilt wurden, sondern vielmehr zunächst die zeitliche Verfügbarkeit der Projektmitglieder geklärt wurde, um die zur Verfügung stehenden Kapazitäten zu klären. Daran anschließend wurde dann eine kapazitätenorientierte Aufteilung der Aufgaben vorgenommen.

Realistische Planung nach Kapazitäten

Mit diesem Vorgehen kann in der Praxis vermieden werden, dass Aufgaben einfach unter Teammitgliedern aufgeteilt werden, ohne zu berücksichtigen, ob die Umsetzung machbar ist. Das ist nämlich im Projektalltag in vielen Unternehmen immer wieder zu beobachten: Ein Projektteam sitzt zusammen, die To-do-Liste umfasst beispielsweise zwanzig Aufgaben, die dann auf sieben Projektmitglieder verteilt werden, also im Schnitt drei für jeden. Bereits kurz nach Verlassen des Konferenzraumes ist den meisten Projektmitgliedern deutlich anzusehen, dass sie nicht wissen, wie sie die Menge an Arbeit im vorgesehenen Zeitraum bewältigen sollen. Beim nächsten Projektmeeting stehen dann alle To-dos auf Grün – und zwar Kirschgrün! Viele Aufgaben sind nicht fertig, werden der Einfachheit halber aber grün gemeldet, um Stress und das Gefühl persönlichen Versagens zu vermeiden. Die Projektleitung ist zufrieden, meldet »Alles im grünen Bereich« an die Geschäftsleitung und den Kunden. Das Ganze wiederholt sich so lange, bis der wirkliche Projektstatus auffliegt und ein Verzug von vielen Wochen eingestanden werden muss.

Im Fall von Matthias wurden am Ende eines Zwei-Wochen-Zyklus die geplanten Ergebnisse in einem Review-Meeting allen Projektbeteiligten vorgestellt und gemeinsam überprüft. Wann immer es möglich war, wurden auch Mitarbeiter des Kunden in diese Meetings eingeladen – und meistens remote zugeschaltet. Dies hatte den Vorteil, dass so viele Projektbeteiligte wie möglich die Chance zum direkten Kundenkontakt erhielten. Ergebnisse wurden gelobt oder korrigiert und weiterführende Ideen ausgetauscht, die dann in das Projekt und den kommenden Zyklus einflossen. Im Anschluss an diese Review-Meetings fand im Kernteam ein Austausch über die Zusammenarbeit der vergangenen zwei Wochen statt, aus dem sich dann wiederum interne Verbesserungsmaßnahmen ergaben. Auch diese Erkenntnisse fanden Berücksichtigung im neuerlichen Planungsmeeting, in dem die Aufgaben der nächsten zwei Wochen abgestimmt wurden.

Da diese Vorgehensweise bei nahezu allen Abteilungsleitern in Matthias Unternehmen auf positive Resonanz stieß, war die Umsetzung in weiteren Unternehmensbereichen der letzte Schritt. In den Abteilungen wurde die Veränderung angekündigt und Veranstaltungen durchgeführt, um die dort tätigen Mitarbeiter mit den richtigen Informationen für die Umsetzungsphase zu versorgen. Fortan wurde in den Projekten das fachübergreifende Arbeiten implementiert.

Die Umstellung der Vorgehensweise in den Projekten von Matthias Abteilung hat nicht nur zu einer interdisziplinären Zusammenarbeit geführt und etliche Projektverläufe optimiert. Sie hat Auswirkungen auf das gesamte Unternehmen gehabt. Die Verbindung unter vielen Abteilungen wurde verstärkt und die Kommunikation, auch außerhalb von Projekten, deutlich verbessert.

Projekte und Themen crossfunktional anzugehen ist zu einem festen Wert des Unternehmens geworden. Dadurch hat sich auch das ehemalige Silodenken minimiert. Heute wird bei vielen Themen frühzeitig der Weg in andere Abteilungen gesucht, selbst wenn sich in manchen Situationen herausstellt, dass deren Einbindung im Einzelfall keinen Sinn ergibt. Aber es wird sich die Zeit genommen, diese Möglichkeit zu prüfen, weil alle Beteiligten wissen, dass sie davon erheblich profitieren können. Diese Veränderung hat jedem einzelnen Mitarbeiter anfänglich einige Kraft abverlangt. Nach etwas mehr als zwei Jahren sind die Erfolge aber für alle deutlich erkennbar geworden. Der Prozess der fachübergreifenden Zusammenarbeit ist nicht final abgeschlossen – wobei die Frage ist, ob er dies jemals sein kann. Denn diese Arbeitsweise erfordert immer wieder eine Überprüfung aller Beteiligten: sowohl des eigenen Verhaltens als auch des gemeinsamen methodischen Vorgehens.

Ganz abgesehen von der sehr positiven Entwicklung ist man im Unternehmen von Matthias auch dazu übergegangen, gelungene Projekte oder Projektabschnitte gemeinsam zu feiern. Unabhängig davon, welchen Anteil der Einzelne oder die jeweilige Abteilung am Erfolg hatte, ist die gemeinsame Zusammenkunft bei wichtigen Meilensteinen oder am Projektende mittlerweile zu einem festen Ritual geworden, das die gemeinsame Arbeit zusätzlich positiv beeinflusst.

8.

Feedback – das ist doch easy

We all need people who will give us feedback. That's how we improve.

Bill Gates

Stellen Sie sich mal vor, Sie würden jedem Menschen, dem Sie begegnen, immer und überall genau und ungeschönt mitteilen, was Sie denken und empfinden. Könnten Sie das? Oder würden Sie sagen, dass Sie dies manchmal, aus welchen Gründen auch immer, nur in Teilen hinkriegen würden? Und hin und wieder vielleicht auch gar nicht?

Hand aufs Herz: Wer kennt nicht die Situation im Restaurant, wenn nach einem eher durchschnittlichen oder gar schlechten Essen beim Abräumen des Geschirrs die Standardfrage »Hat es Ihnen geschmeckt?« gestellt wird. Blitzschnell müssen wir dann entscheiden, ob wir die Wahrheit sagen oder sie beschönigen.

In vielen Fällen neigen wir dazu, unsere Gefühle und Gedanken freundlicher zu verpacken oder gar nicht auszusprechen. Manchmal sinnvoll, weil wir unseren Gegenüber mit direkten Worten vielleicht verletzen könnten und es die Sache im Grunde nicht wert ist. Oft ist Schönreden oder Schweigen aber überhaupt nicht sinnvoll. Nämlich dann, wenn es wichtig für uns und andere ist oder es darum geht, aus Fehlern zu lernen und Verbesserungen zu erreichen.

Auch Hannah erlebte in ihrem beruflichen Umfeld diese Herausforderung. Sie ist Leiterin einer Serviceabteilung und für knapp dreißig Mitarbeiter verantwortlich, die in drei Teams arbeiten. Das Unternehmen, für das Hannah tätig ist, stellt elektronische Komponenten für Pkw und Lkw her. Weisen diese einen Fehler auf, wenden sich Händler an ihre Abteilung, um Unterstützung zu erhalten.

Gleichzeitig werden die Komponenten auch in den Teams von Hannah instand gesetzt, falls Händler sie zur Reparatur einsenden. Die drei Teams sind für den gesamten europäischen Markt zuständig und haben in der Regel viel zu tun.

Hannah mag ihre Arbeit mit den Teams. Sie merkt aber auch, dass die gewachsene Zahl an Mitarbeitern in ihrer Abteilung manche Schwierigkeit mit sich bringt.

Wir lernten uns kennen, weil ihr Chef ihr empfohlen hatte, sich mit einigen Fragen an mich zu wenden. »Ich merke immer wieder, dass das Klima in den Teams deutliche Schwankungen aufweist. Wenn unsere Auftragslage ein normales Niveau hat, dann läuft das eigentlich sehr reibungslos. Aber wenn wir sehr viel zu tun haben, dann entsteht hier manchmal eine ganz komische Atmosphäre. Da fangen die Mitarbeiter an, sich gegenseitig bei der Arbeit zu beobachten. Da wird heimlich nachgeschaut, wie viele Aufträge der andere am Tag bearbeitet hat. Oder es wird in der Teeküche über Kolleginnen und Kollegen gesprochen, um nicht zu sagen, gelästert. Das gefällt mir gar nicht. Ich bin da aber auch nicht immer nah genug dran, um diese Dinge frühzeitig zu bemerken. Und all meine Erklärungen, dass diese Verhaltensweisen nicht gut für unsere Zusammenarbeit sind und ich das nicht möchte, verfehlen ihre Wirkung. Mittlerweile glaube ich, dass hier niemand mehr dem anderen klar sagt, was er denkt. Oder wenn, dann nur im ganz kleinen Kreis. So entwickeln wir uns aber nicht weiter, weil wir ja überhaupt keine Möglichkeit haben, uns ehrlich über suboptimale Dinge und Fehler auszutauschen. Wir können ja überhaupt nichts lernen, wenn wir nicht bereit sind, uns offen auszutauschen und alles nur hinter dem Rücken passiert. Und die Qualität unserer Services hängt auch vom teamübergreifenden Erfahrungsaustausch ab.«

Ohne Feedback keine Weiterentwicklung

Die direkte Verantwortung für dreißig Mitarbeiter ist natürlich schon sehr anspruchsvoll. Hannahs Führungsspanne ist eigentlich viel zu groß und müsste nach traditionellem Verständnis reduziert werden, indem man zum Beispiel eine zusätzliche Führungsebene einzieht, also Teamleiter. Ihr Unternehmen hatte sich aber bewusst dagegen entschieden, nicht nur in Hannahs Bereich. Man war vor einigen Jahren auf selbstorganisierte Arbeitsmethoden umgestiegen. So hatte man kleine methodische Elemente in den Teams etabliert, um die jeweiligen Führungskräfte organisatorisch zu entlasten und das selbstorganisierte Arbeiten zu fördern. Hannah war eine große Verfechterin dieses Ansatzes und stand voll und ganz dahinter.

Gleichzeitig wurde ihr aber auch klar, dass viele der eingeführten Ansätze ihre Wirkung nicht erreichten oder sogar verfehlten, wenn die Teammitglieder nicht offen und ehrlich miteinander umgingen. Dies stellte nach Hannahs Eindrücken ein echtes Hindernis für die Weiterentwicklung ihres Bereiches, der Teams, aber auch für jeden Einzelnen dar. Wie richtig ihre Eindrücke waren, erlebte ich, als ich begann, mich intensiver mit der Situation zu beschäftigen. Jedes Team war es gewohnt, sich in einem monatlichen Abstand eineinhalb Stunden gemeinsam über den Verlauf der vergangenen Wochen, die Zusammenarbeit und mögliche Verbesserungen auszutauschen. In diesen Terminen ging es nicht um fachliche Inhalte, Projekte oder Kunden, sondern ausschließlich um die teaminternen Belange. Dieses Vorgehen entspricht einer zuvor bereits erwähnten klassischen Retrospektive. Ein agiles Element, das vor etwa zwei Jahren in Hannahs Abteilung eingeführt worden war.

Bereits in der ersten Retrospektive, an der ich teilnehmen durfte, erlebte ich, dass viele Inhalte nur sehr oberflächlich diskutiert und besprochen wurden. So hatte Hannah es mir im Vorwege schon geschildert. Sie konnte anhand einiger Beispiele deutlich machen, wo Defizite und Optimierungspotenziale bestanden. Dabei handelte es sich zum Beispiel um mangelnde oder gar schlechte Absprachen und Abstimmungen, durch die sowohl Ineffizienzen für das Unternehmen als auch Unannehmlichkeiten für die Kunden entstanden. Das Ganze lief keineswegs im Verborgenen ab, sondern war für alle Beteiligten sowie das Umfeld der Teams offensichtlich. Hannah konnte sehr gut beschreiben, wie über diese Dinge im Alltag gesprochen wurde, aber, wie schon zuvor beschrieben, eben im kleinen Kreis und hinter vorgehaltener Hand.

Ein anderes Beispiel bestand in Leistungs- und Kompetenzunterschieden im Team. Natürlich waren nicht alle Mitarbeiter gleich erfahren oder qualifiziert – das kommt ja in der Praxis auch nur äußerst selten vor.

Aber auch dieser Umstand führte zu einem eher verdeckten Umgang mit der Situation, obwohl hier deutlich wahrnehmbar war, dass er einzelne Mitglieder störte.

So sammelte das Team in der damaligen Retrospektive Themen und Punkte, die es zu verbessern galt. Einige waren nicht neu, sondern wurden wohl zum wiederholten Male genannt und aufgeschrieben – das war aus Kommentaren einzelner zu entnehmen, die allerdings recht zögerlich und leise geäußert wurden. »Steht auch nicht zum ersten Mal am Board«, war eine Bemerkung, die von Sibylle, einer Elektronikerin, gemurmelt und von Max, einem Teamkollegen von Sibylle, in einem Zweiergetuschel mit den Worten »Täglich grüßt das Murmeltier« ergänzt wurde.

Ein nahezu identisches Verhalten war auch in den beiden anderen Teams zu beobachten und erwies, dass Hannahs Beobachtungen tatsächlich nicht nur subjektiv waren. Ich musste ihr zustimmen, dass die so gelebte Praxis nur bedingt Sinn ergab. Zum einen war es völlig zwecklos, unter diesen Bedingungen eine vierwöchige Retrospektive durchzuführen. Dabei konnte eigentlich nur etwas herauskommen, wenn es irgendwo ein massives oder akutes Problem gab, also »die Hütte brannte« – und selbst das erschien fraglich. Zum anderen erzeugte das bestehende Klima einen Umgang miteinander, der weder eine optimale Teamarbeit zuließ noch den Mitgliedern persönlich gefallen konnte.

Hannah und ich machten uns daran, die Situation zum Positiven zu wenden. Wenn man Retrospektiven in die Teamarbeit einführt, ob nun als festen Bestandteil eines agilen Frameworks oder isoliert zur Verbesserung der Zusammenarbeit, ist es früher oder später immer erforderlich, über das Thema Feedback zu sprechen. Eine Retrospektive funktioniert auf Dauer nur bei einem offenen und ehrlichen Umgang aller Beteiligten miteinander. Davon unabhängig ist eine Atmosphäre, in der Inhalte und Themen diskutiert werden können, ohne dass einzelne Repressalien befürchten müssen, seit jeher die Basis einer funktionierenden, sich stetig verbessernden Teamarbeit.

Bisher war das Thema Feedback nie in den Teams oder in anderen Bereichen des Unternehmens tiefer gehender besprochen worden – also auch nicht bei der Einführung von Retrospektiven als agilem Element. Das musste schleunigst nachgeholt werden.

Nun ist Feedback als Methode bei Weitem kein Hexenwerk. Eine einzige Google-Suche reicht aus, um alle wichtigen Dinge über Feedbackregeln und -Vorgehensweisen zu recherchieren. Dabei kann man auch sehr schnell feststellen, dass man sie nicht wirklich neu erfinden kann. Feedback unterliegt inhaltlich und methodisch einer gewissen Logik. Was es im Berufs- und Privatleben oft zu einer Herausforderung werden lässt, ist vielmehr seine Umsetzung.

Entscheidend ist nicht was man sagt, sondern wie!

Hannah und ich entwickelten ein Konzept, mit dem sie Feedback in ihren Teams etablieren sollte. Im ersten Schritt nutzte sie eine der Retrospektiven, um den Teammitgliedern die Wichtigkeit des Themas bewusst zu machen.

Dazu hatten wir einen Kurz-Workshop aufgesetzt, in dem es darum ging, ihnen den Sinn und die Rahmenbedingungen von Feedback aufzuzeigen. Die Teammitglieder waren dafür sehr offen. Wir luden sie ein, selbst zu notieren, warum Feedback so wichtig ist. Dabei kam eine umfangreiche Sammlung an Schlagworten zusammen; einige trugen auch Beispiele aus ihrem Leben bei, die zeigten, wie ihnen konstruktives Feedback bereits geholfen hatte. Die Teammitglieder begriffen nicht zuletzt auch dadurch, dass eine Verbesserung für sie als Team und als gesamte Service-Einheit ohne Feedback gar nicht möglich war.

Eine zweite entscheidende Einsicht des Teams war eine ganz typische für solche Situationen. Allen wurde deutlich, dass »das Problem« mit offenem und ehrlichem Feedback nicht der Inhalt ist, sondern wie dieser vorgebracht wird. Das ist eine Erkenntnis, die ich immer und immer wieder habe erleben dürfen, wenn man mit Menschen tiefer in das Thema einsteigt: Die meisten haben Angst, durch Feedback verletzt zu werden – und zwar weniger durch den Inhalt der Aussage selbst, als durch die Art, wie sie erfolgt. Diese weitverbreitete Befürchtung ist wohl in den allermeisten Fällen der Grund dafür, dass Menschen glauben, nicht offen und ehrlich miteinander umgehen zu können. Denn sie wird auch dahin gehend auf das eigene Feedbackverhalten projiziert, lieber nichts zu sagen, als zu riskieren, den anderen zu verletzen.

Im gleichen Termin stellte Hannah dem Team außerdem vor, wie konstruktives Feedback gelingen kann, also die klassischen Feedbackregeln. Auch hier gab es interessante Beobachtungen. Es zeigte sich nämlich, dass die meisten Mitglieder aller drei Teams schon mindestens einmal damit in Kontakt gekommen waren. Einige bereits in der Schule, andere im Studium und wieder andere über Fachliteratur. Auch dieser Umstand ist in der Praxis häufig zu beobachten und bestätigt meine bisherigen Ausführungen, dass das Wissen über Feedback zwar sehr leicht zu erfassen, dessen Umsetzung allerdings meist schwieriger ist. Wäre dem nicht so, hätten alle drei Teams eine deutlich offenere und ehrliche Atmosphäre aus sich selbst heraus erzeugen können, was aber ja nicht der Fall war.

Hannah hatte ursprünglich vor, den jeweiligen Teams bis zur nächsten Retrospektive Zeit zu geben, darüber nachzudenken, wie gutes Feedback kommuniziert werden könne. Zu ihrer Überraschung machte das erste Team ihr einen positiven Strich durch die Rechnung und schlug vor, einen Extratermin zu machen, um dies miteinander auszutauschen. Hannah nahm dankend an und übernahm diese Anregung ebenfalls für die anderen beiden Teams.

Damit war der Anfang gemacht und die Teammitglieder waren offensichtlich daran interessiert, das Thema noch weiter zu vertiefen. Der wichtigste Schritt zum Einstieg in die Etablierung von Feedback in die Zusammenarbeit von Teams ist, dessen Sinnhaftigkeit deutlich zu machen. Das gelingt nach meiner Erfahrung am besten, wenn man die Teammitglieder einlädt, darüber nachzudenken. Teams, die nicht offen miteinander umgehen, sind schließlich oft selbst nicht glücklich darüber. Gelegentlich kann man sogar beobachten, dass sie ein wenig miteinander leiden. So etwas wird natürlich nicht freimütig diskutiert, sondern wenn überhaupt nur im kleinen Kreis geäußert – und das meistens nicht in einer konstruktiven Form, sondern eher destruktiv als Meckerei und Polemik. Geschieht dies, dann sollten Sie ein konstruktives Feedbackverhalten in Ihrem Team etablieren. Denn beides sind keineswegs Anzeichen, dass Hopfen und Malz verloren ist, sondern meiner Beobachtung nach in den meisten Fällen sogar eher verkappte Hilferufe. Die Erleichterung – und oftmals Dankbarkeit – ist umso größer, wenn endlich jemand den Stein ins Rollen bringt.

Hannah setzte also den zweiten Termin an, in dem es um eine gelungene Feedback-Kommunikation gehen sollte. In dem ersten Treffen hatten die Teammitglieder ja die Aufgabe von ihr erhalten, sich darüber Gedanken zu machen. Diese wurden zu Beginn gesammelt – und siehe da: Nahezu alle wichtigen Aspekte waren vorhanden. Das war aus ganz unterschiedlichen Gesichtspunkten erfreulich. Einerseits, da es die Motivation der Teammitglieder zeigte, sich dem Thema Feedback wirklich zu widmen. Andererseits, weil einige im Internet geforscht und selbst gemerkt hatten, wie konsistent die Inhalte dazu sind. Und nicht zuletzt auch deshalb, weil etliche Mitglieder der drei Teams in der Zwischenzeit damit begonnen hatten, sich vorsichtig darüber auszutauschen und abzugleichen, was bis dato an Inhalten gefunden worden war. Ein Nebeneffekt, der besonders Hannah ein Schmunzeln auf die Lippen zauberte, da ihr auch die Interaktion der Teams untereinander als verbesserungswürdig erschien.

Hannah ergänzte die zusammengetragenen Inhalte um Kleinigkeiten und brachte das Ganze in eine Struktur. Darauf aufbauend sollten die Teammitglieder dann praktisch üben, sich gegenseitig ein positives Feedback zu geben. Dies ist oftmals einfacher, als mit kritischem Feedback zu beginnen. Die Teammitglieder setzten sich in Dreiergruppen zusammen, die stets aus einem Feedbackgeber, einem Feedbacknehmer und einem Beobachter bestanden.

Recht schnell wurde deutlich, dass Feedback-Kommunikation tatsächlich leichter zu verstehen als umzusetzen ist. Es gab Korrekturen von den Beobachtern und auch von den Feedbacknehmern, die aufgefordert waren, dem Feedbackgeber mitzuteilen, wie ihr oder sein Feedback auf sie gewirkt hatte. Eine abschließende Diskussion in großer Teamrunde brachte dann noch einmal etliche wertvolle Erkenntnisse, die durch das praktische Üben entstanden waren. Ganz wesentlich war, dass alle, wie schon im ersten Termin, der Meinung waren, dass es Sinn ergibt, sich mit dem Thema Feedback intensiver zu befassen.

Bei der hier skizzierten Vorgehensweise gibt es fast immer ein wiederkehrendes Aha-Erlebnis bei den Teammitgliedern. Wenn Sie Literatur zu Feedback-Kommunikation lesen oder Informationen dazu aus dem Internet ziehen, dann wird Ihnen auffallen, dass die Aussagen des Feedbackgebers ausschließlich aus sogenannten Ich-Botschaften bestehen sollten. Wenn man dies das erste Mal konsequent umsetzt – wie in dem Übungsdurchlauf in Hannahs Team geschehen –, dann klingt diese Wortwahl zuerst sehr ungewohnt. Die meisten Menschen empfinden sie sogar als gekünstelt. Das ist immer wieder und nahezu einheitlich zu hören, sollte aber keinesfalls zu Nervosität oder Ablehnung führen, selbst wenn so etwas geäußert wird.

Zum einen ist diese Art der Kommunikation eine Frage der Gewohnheit: Je häufiger Menschen diese Aussageform benutzen, desto weniger künstlich wirkt sie. Zum anderen wird auch in einer etablierten Feedbackkultur nichts so heiß gegessen, wie es gekocht wird. In der Praxis kann man sogar sehr oft hören, dass von dieser Idealkommunikation abgewichen wird. Gleichzeitig ist dann aber spürbar, wie sehr sich die Feedbackkultur etabliert und verbessert hat, weil sich die gesamte Atmosphäre in einem Team sehr konstruktiv verändert, entwickelt und gefestigt hat. Auch wenn Teammitglieder in der Wortwahl mal neben dem Lehrbuch liegen, eines geht in einer solchen Kultur nicht mehr verloren: der gegenseitige, respektvolle Umgang. Da kann miteinander gestritten werden – aber konstruktiv. Da ist man nicht der gleichen Meinung – findet aber einen Weg, um weiterhin am gemeinsamen Ziel zu arbeiten. Und das ist es, was schlussendlich zählt, nicht das Lehrbuch.

Feedback braucht Freiwilligkeit

Hannah schlug als weiteren Schritt vor, dass die Teammitglieder in den kommenden vier Wochen im Alltag genau aufeinander achten und sich Notizen zum Feedback für den nächsten Termin machen sollten. Dieses sollte dann positive und auch kritische Aspekte enthalten. Verbesserungen und Lösungsansätze sollten in jedem Fall als Bitte, Wunsch oder Vorschlag formuliert werden. Auch dieser Termin wurde als spezieller Feedbacktermin geplant. Hannah bestand darauf, dass er als Übungseinheit anzusehen war, die als einziges Ziel hatte, gemeinsam weitere Erfahrungen zu sammeln und sich an das Vorgehen zu gewöhnen. Ergänzend schlugen einige Teammitglieder vor, die bisher gewonnenen Erkenntnisse auch schon in den Retrospektiven anzuwenden.

So trafen sich die jeweiligen Teams also vier Wochen später, um eine Feedbackrunde zur Übung durchzuführen. Hannah und ich hatten verabredet, dass sie jedem Team insgesamt drei solcher Übungstermine zur Verfügung stellen sollte, um die neue Feedbackkultur nicht mit Druck in den Teams zu etablieren. Vielmehr sollten sie selbst entscheiden, wann sie keine Übung mehr benötigten. Denn schließlich kann ein so tief greifender Prozess nur über Freiwilligkeit gelingen. Darüber hinaus müssen die Beteiligten die Chance haben, sich an die neue Vorgehensweise und den veränderten Austausch untereinander zu gewöhnen.

Also gab und erhielt jedes Teammitglied sein persönliches Feedback. Hannah ging mit gutem Beispiel voran und forderte ihr Feedback von jedem Einzelnen ein. Dann ging es der Reihe nach, bis alle ihr Feedback erhalten hatten. Wie zu erwarten war, gab es viel positives Feedback. Das ist in solchen Etablierungsprozessen normal.

Anfänglich wissen die meisten Teammitglieder noch nicht, ob sie dem Ganzen trauen sollen und ob auch wirklich alles konstruktiv vonstattengeht. Zu diesem Zeitpunkt dominieren meistens noch die Ängstlichkeit vor einem negativen Feedback und die Furcht davor, jemandem aus dem Team mit dem eigenen Feedback auf den Fuß zu treten.

Es kam aber auch schon zu kritischen Anmerkungen, wie zum Beispiel der von Jörg, einem Mechaniker. »So, Martin, was mir aufgefallen ist, ist dass du nicht selten zu spät zu unseren Daily Stand-ups bist. Das sind immer nur so drei oder vier Minuten, aber ich muss ehrlich zugeben, dass mich das etwas nervt, weil ich das Gefühl habe, dass es uns zum Beginn hemmt oder auch rausreißt, wenn wir schon angefangen haben. Ich habe den Wunsch an dich, dass du bitte pünktlich zu unseren Stand-ups erscheinst.« Da wurden also auch schon durchaus kritische Rückmeldungen gegeben und neben Jörg hatten auch drei weitere Teammitglieder ein identisches Feedback für Martin. Als er es von allen Seiten erhalten hatte, bat Martin um die Möglichkeit zu einer kleinen Stellungnahme und sagte zum Team: »Ich dachte ja bis jetzt, dass ihr das gar nicht bemerkt habt beziehungsweise es euch nicht stört, aber danke, ich schreibe es mir hinter die Ohren.«

So überwog im ersten Übungstermin das positive Feedback, wenngleich es auch kritisches Feedback gab. In den darauffolgenden beiden Übungsterminen wurden nahezu alle Teammitglieder freier und mutiger, auch kritische Punkte anzusprechen. Dabei wurden auch etliche Bezüge zu den vorangegangenen Terminen hergestellt, indem gelobt wurde, wenn jemand sein Verhalten aufgrund eines Feedbacks verbessert hatte. Schon in der Übungsphase gab es mehrere Beispiele für Verhaltensänderungen aufgrund von gezieltem Feedback.

Zur weiteren Etablierung einer Feedbackkultur in Hannahs Teams wurde nach den drei Übungsterminen vereinbart, dass man alle drei bis vier Monate zu einer großen Runde zusammenkommen wollte, um sich gezieltes Feedback zu geben. Eines der Teams entwickelte dann eine neue Vorgehensweise, indem es sich nicht in großer Runde Feedback gab, sondern in kurzen Eins-zu-eins-Gesprächen. Diese dauern nicht länger als vier bis fünf Minuten und es geben sich jeweils zwei Teammitglieder wechselseitig ihr Feedback. Anschließend sucht sich jeder einen neuen Partner und die Feedbackgespräche beginnen von vorn. Das Team hatte damals den Begriff »Speed-Feedback« dafür gewählt und praktiziert es seit dieser Zeit unverändert.

Hannah ist im Übrigen nach wie vor fester Bestandteil eines jeden Feedbacktermins. Sie gibt ihr Feedback an ihre Mitarbeiter und erhält ihr Feedback von jedem Einzelnen. Alles in allem ist der Umgang in den Teams von deutlich höherer Offenheit geprägt. Gespräche hinter vorgehaltener Hand oder in der Teeküche über andere kommen heute deutlich seltener vor. Die Teammitglieder regulieren sich untereinander bereits oft selbst, indem sie sich darauf hinweisen, dass ein Thema lieber offen in einer Retrospektive oder direkt und sofort angesprochen werden sollte als im kleinen Kreis. Darüber hinaus hat auch die Qualität der Retrospektivtermine erheblich zugenommen. Heute werden kritische Punkte sehr viel schneller angesprochen, was natürlich auch dazu führt, dass Verbesserungspotenziale früher benannt und in Lösungsideen überführt werden können. Hannah resümierte nach etwas mehr als einem Jahr: »Wir sind nicht perfekt, aber wir sind deutlich besser als vor eineinhalb Jahren. Und ich persönlich finde, wir sind richtig gut geworden. Auch die Kundenumfragen spiegeln wider, dass wir uns in unserer Servicequalität echt verbessert haben.«

Durch die gezielte Etablierung einer Feedbackkultur und die positive Entwicklung in Hannahs Bereich wird im Unternehmen im Moment darüber nachgedacht, ob man das traditionelle Mitarbeiterjahresgespräch in Hannahs Teams versuchsweise durch einen strukturierten Feedbackprozess ersetzen sollte. Ein solcher Prozess würde diese Kultur nicht nur aufwerten, sondern wäre natürlich auch ein konsequenter Schritt in Richtung Selbstorganisation. Gleichwohl würde er noch einmal ähnlich viel Geschick, Übung und Zeit erfordern wie die vorangegangene Etablierung der Feedbackkultur selbst. Voraussetzung dafür ist aber der Weg, den Hannah und ihre Teams gegangen sind.

Aus meiner Erfahrung darf ich Ihnen sagen: Es lohnt sich, diesen Weg zu gehen, weil er einen Gewinn für alle darstellt – für die Teammitglieder, das Unternehmen, die Kunden und letztlich für die Produktivität und Effizienz. Und auch das Ersetzen von traditionellen Führungsinstrumenten wie dem Mitarbeiterjahresgespräch ist möglich, wenn man bereit ist, die dafür nötige Zeit zu investieren.

9.

Wohin der Wind die Veränderung weht

The only person who likes change is a wet baby!

Mark Twain

Sind Sie in Ihrem beruflichen Umfeld schon mal mit Veränderungsmanagement oder Changemanagement in Berührung gekommen? Vielleicht haben Sie bereits selbst an einem Change-Projekt teilgenommen oder es sogar geleitet. Ich habe in über zwanzig Jahren als Berater viel mit diesen Begriffen zu tun gehabt und etliche solcher Projekte in verschiedenen Firmen extern begleitet. Ich habe von der Pike auf gelernt, wie man Veränderungen in Unternehmen initiiert, strukturiert und welche Fehler zu vermeiden sind. Und ich habe mittlerweile für mich festgestellt, dass alle Ansätze dazu ganz elementare Fehler enthalten.

Die Bezeichnung Change-Projekt impliziert, dass eine Veränderung irgendwann abgeschlossen ist, zu diesem Zeitpunkt ein stabiles Umfeld besteht und ein finaler Zustand erreicht ist. Das mag für die Vergangenheit richtig gewesen sein, ist aber in der heutigen schnelllebigen Zeit reine Augenwischerei – und alle wissen oder ahnen es zumindest.

Mit dieser Sichtweise werden die Veränderungsbetroffenen nicht nur in dem Glauben belassen, Changes seien zeitlich begrenzt, sondern vielfach auch darin, dass sie in diesen Prozess aktiv involviert sind oder zumindest werden sollen. Beim »sollen« bleibt es dann allerdings meistens auch. Die Folgen: Enttäuschung, Frustration und Veränderungsmüdigkeit.

Im Grunde läuft das Ganze schon in dem Moment in eine verkehrte Richtung, wenn eine Managementebene ohne jegliche Rückkopplung beschließt, es müsse sich etwas ändern. Warum? Weil die Mess- und Bewertungskriterien eines Managements hinsichtlich eines vermeintlichen Veränderungsbedarfes meist sehr eindimensional sind und aus einer Sichtweise »von oben nach unten« geboren werden. Sie basieren überwiegend auf Kennzahlen, die der Chefetage vorbehalten sind und die nur selten von unterschiedlichen Ebenen bewertet und interpretiert werden. Dadurch aber werden

Veränderungsbedarfe identifiziert, die in breiten Teilen des Unternehmens häufig als nicht ausreichend, in die verkehrte Richtung laufend oder gänzlich falsch gesehen und letztlich nicht akzeptiert werden.

Hinzu kommt, dass die entsprechenden Veränderungsmaßnahmen ebenfalls nahezu ausschließlich auf der Managementebene beschlossen und Mitarbeiter in diesen Prozessen dann »abgeholt« oder »eingebunden« werden. Schlussendlich bleibt ihnen nur eine akzeptierende statt einer mitgestaltenden Funktion. Die Beschlüsse sind umzusetzen, meist mit nur geringen oder nur scheinbaren Mitbestimmungsmöglichkeiten. Die Ansätze zur Mitarbeitereinbindung dienen dann auch mehr der guten Stimmung. Zusammen mit der zuvor beschriebenen verminderten Akzeptanz ist das Veränderungsprojekt eigentlich schon zum Scheitern verurteilt, bevor es startet.

Ich bekenne mich (mit)schuldig – denn das, was ich hier gerade kritisch beschreibe, habe ich jahrelang selbst so gemacht. Als junger Berater habe ich viele Change-Workshops moderiert. Mir war früh aufgefallen, dass Menschen, die man abholen muss, kein Mitsprache- oder Gestaltungsrecht bei der Definition von Zielen oder Maßnahmen haben, ähnlich wie Kinder, die von Erwachsenen bevormundet werden.

Durch unendlich viele persönliche Erlebnisberichte in diesen Change-Workshops war mir außerdem deutlich geworden, dass beschlossene Veränderungsmaßnahmen häufig nicht greifen, nicht weit genug gefasst sind, wesentliche Dinge nicht berücksichtigen oder am falschen Ende anpacken. Diese Erlebnisse wurden natürlich stets mit großer Betroffenheit und Emotionalität geschildert. Aber auch davon abgesehen blieb immer noch eine nicht unerhebliche Zahl an interessanten und veränderungsrelevanten Geschichten und Inhalten übrig.

Ich hatte es mir zur Gewohnheit gemacht, solche Berichte an die jeweiligen Managementebenen zurück zu spiegeln. Lange Zeit habe ich nicht wirklich verstanden, warum dort zwar ein großes Maß an Aufmerksamkeit dafür zu spüren war, meine Hinweise aber so gut wie nie in den Veränderungsprozess einflossen, geschweige denn den entschiedenen Veränderungsprozess modifizierten.

Ich will ganz offen sein: Einige dieser Projekte gehörten zu den frustrierendsten meiner beruflichen Laufbahn. Heute bin ich sehr viel erfahrener und kann aus meinen Erlebnissen - auch und gerade aus den negativen - Unternehmen, Management und Mitarbeiter ganz anders begleiten. Natürlich auch dadurch, dass sich die Arbeitswelt seit einigen Jahren grundlegend wandelt und Managementebenen zunehmend erkennen, dass sie neue Wege gehen müssen, um wirklich wirkungsvolle Veränderungen zu initiieren. Vor allem aber, weil ich agile Arbeitsweisen habe kennenlernen dürfen, in denen ständige Veränderung nicht nur philosophischer Ansatz ist, sondern gelebte Arbeitswelt - vorausgesetzt, sie wird gut in Unternehmen implementiert und nicht zweckentfremdet und als schöne Fassade missbraucht.

Veränderungsschlüssel #1 – Teilhabe ermöglichen

Veränderung bedeutet heute, Mitarbeitern ständiges Lernen und individuelle Weiterentwicklung zu ermöglichen. Es ist mehr als eine Frage von Technik oder Methode, es ist eine Frage der inneren Haltung und der gemeinsamen Kultur in einem Unternehmen. Vom Umgang mit Fehlern und von der Fähigkeit zum Feedback über alle Ebenen und Grenzen. Und nicht zuletzt der wirklichen Einbindung aller Mitarbeiter, also von Teilhabe und Gestaltungsmöglichkeit.

Auch Monika trat mit einem Veränderungsanliegen in mein Beraterleben. Sie ist Leiterin der Personalabteilung eines mittelständischen Unternehmens in der metallverarbeitenden Industrie mit rund dreihundertfünfzig Mitarbeitern. Wir kannten uns bereits von einer Veranstaltung her und waren immer in Kontakt geblieben, ohne jedoch jemals zusammen an einem Thema gearbeitet zu haben. Dann kam der Tag, an dem Monika anrief und sagte: »Es ist so weit, wir können mal sehen, ob wir gemeinsam etwas auf die Beine stellen. Unsere Geschäftsführung will eine Umstrukturierung vornehmen und wir wollen dazu Workshops mit den Mitarbeitern durchführen. Dazu brauchen wir externe Unterstützung.«

Bei einem ersten Informationsgespräch vor Ort äußerte Monika auf meine Frage nach den Gründen für die Umstrukturierung, dass man sich einer stetig wachsenden Marktdynamik ausgesetzt sähe: Die Erwartungen der Kunden würden immer breit gefächerter formuliert und änderten sich in immer kürzeren Zyklen. Gleichzeitig habe man im Unternehmen festgestellt, dass sich der Wettbewerb besser auf diese Entwicklung eingestellt habe.

»Da soll jetzt die ganze Aufstellung neu gestaltet werden. Vom Vertrieb und Marketing über den Innendienst und die Verwaltung bis hin zur Produktion. Eigentlich betrifft das so ziemlich alle – mehr oder weniger«, berichtete Monika. Als ich nachhakte, warum man dabei auf externe Hilfe zurückgreifen wolle, antwortete sie: »Na ja, das mit Veränderungen ist hier so eine Sache. Wir haben viele Menschen im Unternehmen, die ich persönlich nicht gerade als Veränderungsmonster bezeichnen würde. Frei nach dem Motto: Wer will Veränderung? Alle! Wer will sich verändern? Niemand! Da halten ziemlich viele lieber an bestehenden Strukturen und Vorgehensweisen fest. Das haben wir schon früher gemerkt. Da sind etliche Ansätze bereits sehr früh ins Stocken geraten, weil wir bei den betroffenen Mitarbeitern viel Widerstand geerntet haben. Das soll diesmal nicht passieren und darum wurde beschlossen, das mit externer Hilfe begleiten zu lassen.«

Monika schilderte dann eindrücklich, wie man frühere Veränderungsvorhaben angegangen war. Schon in den ersten Beispielen wurde ein ziemlich identisches Vorgehen erkennbar: Stets hatten Probleme oder kritische Situationen ein Veränderungsvorhaben ausgelöst – wie auch im aktuellen Fall.

Wenn Veränderungen durch schwierige Situationen oder gar Krisen initiiert werden, dann haben Veränderungsprozesse einen eher revolutionären Charakter. Meist wird dabei viel aufgebrochen. Es finden tief greifende Eingriffe in vertraute Strukturen, Abläufe und Routinen statt, die von den Betroffenen häufig als schmerzhaft empfunden werden. Mit viel Kraft und Aufwand wird versucht, aus der bestehenden Situation herauszukommen. Wird die Notwendigkeit für eine solche revolutionäre Veränderung aber zu spät erkannt oder eingeleitet, kann es vorkommen, dass der Veränderungsprozess nicht mehr den gewünschten positiven Effekt erzielt und verpufft. In der Wirtschaft gibt es etliche Beispiele von Unternehmen, denen es so ergangen ist und die heute nicht mehr in ihren Märkten zu finden sind.

Wenn dagegen Veränderungen einen eher visionären oder progressiven Charakter haben, dann sind die Veränderungsprozesse evolutionär. Auch hierbei kann viel aufgebrochen werden und es gibt Phasen, die von den Betroffenen ebenfalls als schmerzhaft empfunden werden. Allerdings ist es in diesen Veränderungsprozessen vielfach leichter, die Menschen früher oder später zu erreichen und zur Mitgestaltung zu motivieren. Dies liegt im perspektivischen Charakter einer evolutionären Veränderung. Mit einer vielversprechenden Aussicht oder Vision und der damit verbundenen Sinnhaftigkeit ist es in den meisten Fällen einfacher, eine große Anzahl von Menschen partizipieren zu lassen und damit echte Mitgestaltung möglich zu machen.

In Monikas Fall handelte es sich also um eine revolutionäre Veränderung. Das Management war wie bei den Anläufen zuvor schnell aktiv geworden und hatte die Situation mithilfe der nächsten Führungsebene analysiert. Dann wurden Maßnahmen beschlossen, die in die Organisation kommuniziert wurden. Dies sollte auch im aktuellen Fall als Nächstes geschehen. Genau an diesem Punkt hatte es in den früheren Veränderungsprozessen aber bisher gehakt.

Offensichtlich war die Kommunikation in die betroffenen Bereiche stets sehr unterschiedlich gelaufen. Manchmal waren die Veränderungsansätze den Mitarbeitern quasi »über den Zaun geworfen« worden, offenbar in der Erwartung, sie würden dann schon umgesetzt. In anderen Fällen hatte man versucht, die Mitarbeiter in Meetings für die Vorhaben zu gewinnen. Dies wurde aber dann von den Führungskräften oft nicht konsequent zu Ende geführt, weil der ihnen entgegengebrachte Widerstand als zu anstrengend empfunden wurde und ihnen auch die Ideen ausgingen, wie sie hätten weitermachen können. So waren nicht nur viele Ansätze versandet – es war fast schon eine Kultur des Nichtumsetzens entstanden, in der Mitarbeiter wohl den Eindruck gewonnen hatten, dass etwas initiiert wurde, man aber dann irgendwann nichts mehr davon hörte. So schilderte Monika jedenfalls ihre Eindrücke aus der Vergangenheit.

Nun wollte man also wieder die beschlossenen Veränderungsmaßnahmen in die Organisation kommunizieren, aber die Führungskräfte bei der Umsetzung unterstützen, damit es dieses Mal besser funktionierte – oder damit die Führungskräfte dieses Mal besser funktionierten?

Ich empfahl Monika damals, dass wir schon hier entscheidend anders vorgehen sollten als bei den früheren Ansätzen. Nach kurzer Überlegung gab sie zu: »Ehrlich gesagt bin ich da ziemlich skeptisch. Ich glaube nicht, dass wir allein durch deine Begleitung in Mitarbeiter-Workshops den großen Wurf machen werden. Den Widerstand werden wir wieder haben, nur diesmal musst du den aushalten und mit ihm umgehen.«

Wie recht sie hatte: Denn es war schließlich auch bei dem jetzigen Ansatz kein wirklicher Unterschied zu früheren Veränderungsaktivitäten zu erkennen. Mit der einen Ausnahme, dass man eben auf eine zusätzliche externe Unterstützung zugreifen wollte.

Veränderungsschlüssel #2 – Sorgfältige Kommunikation

Monika und ich begannen, einen konzeptionellen Ansatz für eine methodische Vorgehensweise in der bestehenden Situation zu erarbeiten. Die Idee war, dem revolutionären Veränderungsansatz einen evolutionären zur Seite zu stellen. Dazu wollten wir noch einmal gemeinsam mit dem Management – das aus einem kaufmännischen und einem technischen Geschäftsführer bestand – einen visionären Rahmen für die beschlossenen Veränderungen definieren. Denn zu diesem Zeitpunkt gab es ja weder ein Kommunikationsmodell, aus dem hervorging, wohin die angedachten Maßnahmen in Zukunft führen sollten, noch eine wirklich umfassende Erklärung, warum die geplanten Veränderungen auch für die Mitarbeiter sinnvoll waren. Beides wollten wir festlegen, bevor überhaupt irgendeine Art der Kommunikation in die Organisation erfolgte.

Zunächst erforderte es tatsächlich einige Überzeugungsarbeit, die beiden Geschäftsführer dazu zu bewegen, mir zwei halbe Tage ihrer Zeit zur Verfügung zu stellen. Denn man war der festen Meinung, man habe bereits alles Erforderliche analysiert und die richtigen Entscheidungen getroffen. Es ginge doch nur noch um die Umsetzung und darum, die Mitarbeiter abzuholen. So verbrachte ich den ersten halben Tag mit den beiden Managern, um herauszuarbeiten, wohin man mit den beschlossenen Maßnahmen wollte und wie das Unternehmen aussehen würde, wenn sie denn umgesetzt waren. Das war ein anstrengender Prozess, für die zwei Herren mehr als für mich.

Da das gesamte Veränderungsvorhaben aus einer bestehenden Problemsituation entstanden war, hatte der bisherige Fokus darauf gelegen, sie zu lösen, also sich daraus wegzubewegen. Dies führt in den meisten Fällen aber nicht zwangsläufig zu einer Definition eines konkreten Zielbildes.

Ich erntete verdutzte Blicke, als ich danach fragte, welche Sinnhaftigkeit in den beschlossenen Veränderungsmaßnahmen für die Mitarbeiter stecke. »Das ist doch wohl klar! Wenn wir hier nicht reagieren, dann brechen uns Kunden und Umsätze weg. Und was daraus resultiert, muss man doch nicht noch extra betonen!«, antwortete einer der beiden. Und so quälten sie sich weiter durch die Fragen, die ich dazu vorbereitet hatte. Die Sinnhaftigkeit für die Mitarbeiter herauszufiltern und zu formulieren ist bei solchen Überlegungen ein zentrales Thema.

Ich hatte dazu kürzlich ein Gespräch mit einem Vorstand, der seine Vision folgendermaßen auf den Punkt brachte: »Wachsen!« Aus seiner Sicht sicherlich nachvollziehbar - und ich hatte natürlich verstanden, was er meinte. Aber beantworten Sie sich bitte einmal selbst die Frage, worin bei der Vision »Wachsen« der Sinn für die Mitarbeiter liegt. Bei jedem Veränderungsprozess stellen sich alle Mitarbeiter - ob bewusst oder unbewusst - stets die Frage: »Was ist für mich dabei drin?« Darauf muss es in der Mitarbeiterkommunikation immer eine Antwort geben. Ist dies nicht der Fall, würde ich persönlich die Erfolgschancen von vornherein auf deutlich unter fünfzig Prozent einschätzen.

Mit etwas zeitlichem Abstand führte ich mit den Geschäftsführern einen zweiten halbtägigen Workshop durch, in dem wir unser Kommunikationsmodell für den Veränderungsprozess finalisierten. Es beinhaltete sowohl ein Zielbild, das erreicht werden sollte, als auch konkrete Gründe, die beschrieben, warum eine Veränderung für alle Beteiligten sinnvoll war.

Natürlich kann ein solcher Ansatz immer nur ein erster Aufschlag sein, der die Grundlage für die Partizipation der Mitarbeiter darstellt. Nun musste die Geschäftsführung nur noch davon überzeugt werden, dass ihre bisher beschlossenen Maßnahmen erst einmal in der Schublade blieben und der Veränderungsprozess dieses Mal anders ablaufen sollte als in den Versuchen zuvor. Nach etlichen Gesprächen willigten beide schließlich ein und gaben Monika und mir grünes Licht, ein anderes Vorgehen für den Veränderungsprozess in die Wege zu leiten. Wir begannen mit einem Workshop, in dem die nächsten beiden Führungsebenen involviert waren. Das war eine mehr, als bei den bisherigen Veränderungsversuchen und den vorherigen Aktivitäten der Geschäftsführung. Damit waren alle Führungskräfte außer der Teamleiterebene beteiligt. In diesem Workshop wurde das Zielbild vorgestellt und die Sinnhaftigkeit des zu beginnenden Veränderungsprozesses erklärt. Ein zentraler Punkt des Workshops bestand darin, die Führungskräfte zu fragen, was aus ihrer Sicht an beidem ergänzt werden sollte. Die Gedanken und Vorschläge waren – was oft der Fall ist – zwar nicht übermäßig zahlreich, aber äußerst wertvoll (was ebenfalls häufig vorkommt). Auch die Geschäftsführer mussten dies zu ihrem Erstaunen feststellen. Nun wurden wenige, aber wichtige Punkte in das Zielbild und die Sinnstiftung aufgenommen. Das jetzt erweiterte Kommunikationsmodell wurde von allen fünfundzwanzig Leitungskräften verabschiedet und getragen.

Ein weiterer wichtiger Punkt des Workshops war ein Stimmungsbild, das Monika und ich erhoben. Es umfasste sowohl sachliche als auch emotionale Aspekte. Wir fragten zunächst nach ersten Schritten und operativen Ansätzen, wie die Veränderungen umgesetzt werden konnten. Hier kamen einige Vorschläge zusammen, die auch zu denen der Geschäftsführung passten, die zu diesem Zeitpunkt ja noch in der Schublade lagen. Mehr noch: Es wurde eine Menge weiterer Themen genannt, die für die Geschäftsführung völlig neu waren und bisher gar nicht als Veränderungspunkte identifiziert worden waren.

Sie wurden ebenso in einem sogenannten Backlog erfasst wie die noch nicht aufgelisteten Vorhaben der Geschäftsführung – diese jetzt allerdings als Ergänzungen statt als Vorgaben. Zudem wurden emotionale Aussagen der Führungskräfte gesammelt. Sie spiegelten die Hoffnungen und Ängste, aber auch skeptischen Sichtweisen und Fragen, die sich mit der Umsetzung beschäftigten, wider. Diese Dimension war für die beiden Geschäftsführer äußerst überraschend und gleichzeitig sehr wertvoll, hatten solche Facetten bei ihrer bisherigen Betrachtung doch noch nie eine Rolle gespielt. Auch sie wurden im Backlog festgehalten.

Veränderungsschlüssel #3 – Mitgestaltung ermöglichen

Monika und ich hatten nun eine zeitliche Pause geplant, in der alle die Eindrücke sacken lassen und noch einmal nachdenken sollten, ob ihnen weitere wichtige Sachverhalte einfielen. Im Folge-Workshop nach etwa zwei Wochen kamen dann noch einige Ergänzungen für das Backlog hinzu und es wurden Fragen geklärt, die zwischenzeitlich aufgetaucht waren. Der Kern in diesem Workshop aber war die wichtigste aller Fragen: Aus dem Kreis der Führungskräfte sollte ein Change-Team aus sechs bis sieben Personen gebildet werden. Dieses Team sollte Ideen für die operative Umsetzung der Veränderung sowie Lösungen für die Themen im Backlog entwickeln – und zwar autonom ohne die direkte Einbeziehung der Geschäftsführung. Diese sollte erst wieder in Aktion treten, wenn Ideen und Lösungen vorlagen, priorisiert waren und eine inhaltliche Abstimmung erforderlich wurde, um Entscheidungen herbeizuführen.

Diese Idee aber war für die Geschäftsführung zunächst schwer vorstellbar. Als wir im zweiten Workshop darüber diskutierten, war deutlich zu spüren, dass beide Herren Vorbehalte hatten. Zum einen erforderte dieser Ansatz vertrauensvolles Handeln, was bisher nicht unbedingt die Kernkompetenz des Unternehmens war. Zum anderen hatten sie die Befürchtung, dass sich niemand melden und man sich mit dieser Frage arg blamieren würde.

Die Realität sah dann aber ganz anders aus: Im Workshop meldeten sich sechzehn von neunzehn Führungskräften für die Beteiligung in dem Führungskräfte-Change-Team. Nun hatten wir ein Luxusproblem, denn wir brauchten ja nicht so viele. Aber auch das war, wie sich zeigte, ganz einfach zu lösen. Denn die Gruppe einigte sich sehr schnell und konstruktiv auf sieben Personen und die Möglichkeit zur Rotation in größeren Zeitabständen.

Ich habe bisher noch kein einziges Mal erlebt, dass Führungskräfte oder Mitarbeiter nicht die Bereitschaft zur Mitgestaltung annehmen, wenn man sie ihnen mit Perspektive und Sinnhaftigkeit nahebringt. Genauso war es auch im Unternehmen von Monika.

Das Führungskräfte-Change-Team nahm kurz darauf seine Arbeit auf und erhielt die notwendige Zeit, sich zusammenzufinden. Es wurden regelmäßige Meetings im Abstand von zwei Wochen festgelegt. Alle Beteiligten erhielten dafür einen halben Tag ihrer Arbeitszeit als Kontingent. Als Erstes wurden die Inhalte und Themen des Backlogs priorisiert – keine leichte Aufgabe bei über sechzig Punkten!

Für die vier am höchsten priorisierten Aufgaben wurden dann Ideen und Lösungsansätze entwickelt. Um keinen falschen Eindruck zu erwecken: Diese in wenigen Zeilen beschriebene Arbeit nahm schon einige Wochen in Anspruch, weil alle Mitglieder des Change-Teams natürlich auch noch ihr Tagesgeschäft zu erledigen hatten. Aber nach knapp vier Meetings lagen die ersten Entscheidungsvorlagen für die Geschäftsführung auf dem Tisch. Unter anderem mit zwei sehr umfangreichen Veränderungsvorschlägen, die in die bestehenden Strukturen und Prozesse eingriffen. Diese waren zwischenzeitlich vom Führungskräfte-Change-Team mit anderen Führungskräften, Teams und Mitarbeitergruppen aus dem gesamten Unternehmen diskutiert und erarbeitet worden –übrigens außerhalb der regelmäßigen Meetings. Die Partizipation wurde von den Führungskräften also konsequent weiterverfolgt, und zwar unter reger Beteiligung der angefragten Mitarbeiter.

Gleichzeitig hatte das Führungskräfte-Change-Team auch den Auftrag, zwei Change-Teams aus der Mitarbeiterebene des Unternehmens zu bilden. Monika initiierte mehrere große Meetings, in denen das Kommunikationsmodell mit dem Zielbild und der Sinnhaftigkeit der Veränderungen den Mitarbeitern vorgestellt wurde. Diese hatten die Gelegenheit, Fragen zu stellen, die das Führungskräfte-Change-Team und die Geschäftsleitung beantworteten. In diesen Meetings war ich zwar anwesend, aber zu diesem Zeitpunkt lief der Veränderungsprozess bereits mit so hoher Eigendynamik, dass sie ganz gewiss auch ohne meine Anwesenheit gut gelaufen wären.

Nachdem alle Mitarbeiter über das Zielbild und die Sinnhaftigkeit der Veränderungen im Bilde waren, kam erneut die Frage aller Fragen: Wer hat Lust, mitzugestalten? Das Wort »Lust« wurde dabei ganz bewusst benutzt und wird von mir stets favorisiert. Denn beim Mitgestalten von Veränderungen geht es um nichts anderes als die Lust daran, etwas zu bewegen. In diesem Zusammenhang wird wiederum deutlich, wie wichtig es ist, eine revolutionäre Veränderung evolutionär zu ergänzen. Denn eine Evolution kann Lust erzeugen, eine Revolution weniger oder gar nicht.

Auch bei den Mitarbeitern war das Interesse an einer Beteiligung in den beiden Change-Teams groß, allerdings nicht ganz so wie bei den Führungskräften. Rasch wurden auch diese beiden Teams gefunden, die sich aus Mitarbeitern aller Bereiche des Unternehmens zusammensetzten, also crossfunktional waren.

Beide Teams wurden ähnlich begleitet wie seinerzeit das Führungskräfte-Change-Team und erhielten ein festes Zeitkontingent, um sich regelmäßig treffen und kontinuierlich arbeiten zu können. Mithilfe von Auftakt-Workshops konnte sich das jeweilige Team auf persönlicher Ebene finden. Anschließend wurden Ideen zur Umsetzung von Veränderungen gesammelt und gleichzeitig ein teameigenes Backlog verfasst. Bei der Priorisierung der Themen und Inhalte sowie der Ausarbeitung von Ideen und Lösungen wurden die jeweils erforderlichen Mitarbeiter, Führungskräfte und Mitglieder der Change-Teams hinzugezogen.

Das Thema Zeitkontingente war zu Beginn ein kritischer Punkt, weil die Geschäftsführung davon ausgegangen war, dass die Veränderungsmaßnahmen – also jene, die zwischenzeitlich in der Schublade geparkt worden waren – innerhalb des Tagesgeschäftes umgesetzt werden konnten. So etwas funktioniert so gut wie nie. Veränderung bedeutet immer Aufwand. Und wenn dafür keine ausreichende Zeit eingeräumt wird, besteht der Aufwand in einem extra Paket zum Tagesgeschäft. Macht das Lust oder bringt es Frust? In den meisten Fällen Letzteres. Oft ist diese zusätzliche Beanspruchung auch ein ganz wesentlicher Grund dafür, warum Veränderungen nur zögerlich oder gar nicht umgesetzt werden.

In Monikas Unternehmen galt die schon beschriebene Vereinbarung, allen Change-Teams einen halben Tag für ihre zweiwöchig stattfindenden Meetings einzuräumen, zunächst für ein Jahr. Danach sollte geprüft werden, wie das Ganze funktionierte.

Der gesamte Veränderungsprozess wurde aufgrund von unternehmerischen Notwendigkeiten vor knapp vier Jahren angestoßen und läuft noch heute. Monika begleitet ihn nach wie vor mit großem Engagement und sehr erfolgreich. Ich schaue immer mal wieder vorbei und unterstütze, aber im Grunde liegt alles in der Verantwortung der Mitarbeiter. Die anfangs gebildeten Change-Teams bestehen in ihrer Form nicht mehr. Sie sind Veränderungsteams gewichen, die es heute in einer recht großen Zahl und überwiegend temporär gibt. Temporär bedeutet hier übrigens nicht für Wochen, sondern manchmal auch für Monate. Sie bilden sich immer dann, wenn einzelne Mitarbeiter ein Thema vorantreiben wollen, etwas verbessern oder verändern möchten. Dabei ist es ganz gleich, ob dieser Impuls von einer Führungskraft oder einem Mitarbeiter ausgeht. Das Thema wird benannt, Mitstreiter werden gesucht, ein erster Entwurf wird vorgestellt. Besonders interessant dabei: In Monikas Unternehmen hat man sich sehr schnell darauf einigen können, dass das Wesentlichste an einem solchen Entwurf die unternehmerische Notwendigkeit ist. Diese kann betriebswirtschaftlich, kulturell oder kundenorientiert bedingt sein. Neben der Geschäftsführung entscheiden heute auch Führungskräfte und Mitarbeiter über die Aufnahme ins Backlog und die Priorität. Denn ein Backlog mit allen Veränderungs- oder Verbesserungsthemen gibt es immer noch. Es ist allen Mitarbeitern stets zugänglich.

So ist aus dem ursprünglichen Veränderungsvorhaben längst ein immerwährender Verbesserungsprozess geworden. Natürlich gibt es immer noch Herausforderungen und Probleme, wie wohl in allen Unternehmen. Aber die Art des Umganges und der Lösung dieser Themen hat sich sehr gewandelt. Und auch die Verantwortungsteilung ist ganz anders als zu Beginn.

Selbst die beiden Geschäftsführer sind mittlerweile große Verfechter dieser Entwicklung. Wenn aus ihrer Sicht etwas anzupacken ist und sie Mitarbeiter einladen, die Lösung und Umsetzung mitzugestalten, ist ihnen die Freude deutlich anzumerken. Einer von ihnen beschrieb es einmal so: »Das macht für uns auch vieles leichter, weil wir mittlerweile wirklich viele Menschen bei uns finden, die Lust haben, sich zu engagieren. Das war nicht immer so und es gibt heute noch Mitarbeiter, die sich nicht einbringen, aber das ist okay. Und die Ergebnisse, die wir hier vorgelegt bekommen, sind manchmal so gut, dass wir selbst nie draufgekommen wären. Ein echter Gewinn, auch für uns persönlich. Alles, was wir in diesem Bereich mittlerweile tun, ist gut investierte Zeit.«

Das Beispiel von Monikas Unternehmen zeigt, dass Mitarbeiter die Möglichkeit zur Mitgestaltung durchaus annehmen, wenn man sie ihnen ermöglicht. In welcher Geschwindigkeit und Intensität dies geschieht, ist sehr individuell und stark abhängig davon, wie in der Vergangenheit damit umgegangen wurde. Die Aussage »Ich will gar nicht mitgestalten oder Verantwortung übernehmen« fußt häufig darauf, dass Mitarbeiter in ihrem Berufsleben beides noch gar nicht versucht haben. Wenn man klar in der methodischen und kulturellen Zielrichtung ist, dann schließen sich oftmals mehr Mitarbeiter diesem Weg an, als man zu Anfang glaubt. Und es sind im Übrigen auch viele, von denen man es zu Beginn überhaupt nicht denkt.

Behalten Sie für Ihre Veränderungsaktivitäten bitte auch den nachfolgenden Gedanken im Hinterkopf: Dass Menschen sich nicht gern verändern, halte ich in weiten Teilen für einen Mythos. Wenn Sie bei einem Veränderungsprozess Widerstand von den Menschen Ihres Unternehmens ernten, dann haben Sie ein schlechtes Vorgehen und eine ebensolche Methode gewählt. Verändern Sie Ihr Vorgehen und es verändert sich das Verhalten der Menschen um Sie herum.

10.

Durch Teamarbeit zur agilen Exzellenz

I am a member of the team, and I rely on the team, I defer to it and sacrifice for it, because the team, not the individual, is the ultimate champion.

Mia Hamm

Nach neun Geschichten über agiles Arbeiten sind wir jetzt bei der letzten halben angekommen. Sie hat keinen Abschluss – und zwar nicht, weil ich nicht weiß, wie sie ausgegangen ist. Sondern weil ich Sie einladen möchte, ihr aus Ihrer ganz persönlichen Situation heraus ein eigenes Ende zu geben. Dazu ist nur wichtig, dass Sie in einem Team arbeiten oder eines leiten. Denn in dieser – Carstens Geschichte – geht es um Teamarbeit.

Teamarbeit ist schon seit Langem ein fester Begriff in unserer Arbeitswelt. Aber nie war er so wertvoll und wichtig wie in der Umgebung von Agilität und Selbstorganisation. Und noch nie wurde so gnadenlos offensichtlich wie hier, welchen Einfluss die Zusammenarbeit von Menschen in einem Team auf die Effizienz, die Produktivität und die Qualität von Ergebnissen hat, wenn sie nicht funktioniert.

Jahre- und jahrzehntelang wurde bei jeder etwas größeren Anzahl von Mitarbeitern das Wort Team benutzt – unabhängig davon, ob sie aus einer eigenen Abteilung oder gerade zufällig gemeinsam aus der Kantine kamen. Aber so gut wie nie hat man die Kriterien betrachtet und berücksichtigt, mit deren Hilfe man wirkliche Teamarbeit festmachen kann. Sie spielten schlicht und ergreifend keine wirkliche Rolle. Vielen Führungskräften und Teammitgliedern waren solche Kriterien nicht einmal geläufig. Und so kann man in den meisten Fällen auch eher von Arbeitsgruppen als von Teams sprechen. Ein Umstand, der an sich zunächst weder gut noch schlecht ist. Nur ist eine Arbeitsgruppe eben kein Team, weil wir an ein Team einen sehr viel höheren Anspruch hinsichtlich der gemeinsamen Zusammenarbeit haben.

Wenn es aber um Selbstorganisation und Agilität geht, kommen wir nicht mehr darum herum, Teamarbeit ganz genau zu analysieren und zu bewerten, um sie in ihrer Qualität so weit wie möglich voranzutreiben. Genau darauf haben Carsten und ich uns gemeinsam konzentriert, als seine drei Teams begannen, mit agilen Ansätzen zu arbeiten.

Carsten war zu diesem Zeitpunkt Anfang vierzig und Abteilungsleiter eines internen IT-Servicebereiches, in dem Anfragen und Störungen von Mitarbeitern des Unternehmens aus ganz Europa bearbeitet wurden. Dazu kam die Mitarbeit in Projekten, die intern zur Weiterentwicklung der IT-Qualität aufgesetzt wurden. Alles in allem war das eine Menge an Aufgaben, die Carsten mit seinen insgesamt knapp dreißig Mitarbeitern zu bewältigen hatte. Dazu hatte man drei etwa gleich große Teams gebildet.

Auch vorher hatten die jeweiligen Mitarbeiter bereits in Teams gearbeitet, allerdings in einem klassischen Verständnis. Jeder gehörte einem Team an, machte aber im Grunde seinen eigenen Job und ging als mehr oder minder ausgeprägter Spezialist seinen Tätigkeiten nach.

Carsten war damals seit etwas über einem Jahr für die Abteilung verantwortlich. Mit seinem Antritt hatte man begonnen, agile Arbeitsweisen einzuführen, um Anfragen und Störungen schneller zu lösen und die Servicequalität zu verbessern. Carsten hatte dafür zwei ganz wesentliche Änderungen vorgenommen.

Zum einen hatte er crossfunktionale Teams zusammengestellt, um das Spezialistentum und das vorherrschende Silodenken aufzulösen und ein breites Verständnis der Gesamtsituation eines Vorganges zu fördern. Da Anfragen oder Störungen früher meist Schritt für Schritt abgearbeitet wurden und dabei über etliche Stationen gingen, kam es häufig zu Verzögerungen, wenn zu viele Aufträge bei einem Kollegen aufliefen und sich dort stauten. Mithilfe der crossfunktionalen Teams sollte die Bearbeitung schneller werden und gleichzeitig ein Wissenstransfer innerhalb des Teams stattfinden.

Zum anderen führte Carsten agile Methoden ein, um die Zusammenarbeit innerhalb der Teams, aber auch teamübergreifend zu fördern. Dabei handelte es sich nicht um ein rein agiles Framework, sondern um einige Ansätze, die in ihrem Zusammenspiel und ihrer Summe sinnvoll aufeinander abgestimmt waren.

Diese agilen Methoden waren aber nicht der Grund für die Zusammenarbeit von Carsten und mir. Diesen Teil hatten die Mitarbeiter bereits gut angenommen, umgesetzt und in einigen Teilen auch weitergeführt und verbessert. Was noch nicht richtig rund lief, war die Zusammenarbeit in den Teams. Hier sah Carsten noch viel Luft nach oben: »Du kennst dich doch so gut mit Teams aus. Sag mir doch mal, wie ich das mit meinen Teams noch besser hinkriege, dass die selbstständiger werden und selbstorganisierter arbeiten – da gibt's doch bestimmt einen Trick.« Die lockere Art, mit der er mir die Situation schilderte, entsprach ganz Carstens Naturell. Er war und ist durch nichts wirklich aus der Ruhe zu bringen und von seinen Zielen abzulenken. Stattdessen sucht er so lange nach Lösungen, bis er einen Schritt weiterkommt – eine wunderbare Gabe.

Echte Teams arbeiten nach Erfolgsfaktoren

»Klar gibt's da einen Trick, der besteht aber nicht in einem Zauberspruch, wie bei Harry Potter. Das ist ein wenig vielschichtiger«, antwortete ich. Carsten schilderte mir daraufhin, was er bislang unternommen hatte. Seine Aktivitäten hatten im Jahr zuvor vorwiegend darin bestanden, Strukturen und Rahmenbedingungen für die Teams zu schaffen. Das war ihm auch gut gelungen. Allerdings stagnierten sie aus seiner Sicht in ihrer Weiterentwicklung. Die gesamte Zusammenarbeit war immer noch von Distanz und Einzelgängertum geprägt. Gelegentlich kam es Carsten so vor, als würden sich die Teammitglieder untereinander nicht trauen oder gar misstrauen. Es wurden mehr lange Diskussionen geführt als Entscheidungen getroffen, Fehler vertuscht und der Umgang mit Kritik nicht gerade konstruktiv gepflegt. Viele Dinge liefen immer noch ungeplant und nicht Hand in Hand. Die Gründe dafür vermutete Carsten wiederum in einer Unkenntnis gegenüber den gegenseitigen Kompetenzen und einer schwachen Kommunikation innerhalb der Teams - trotz transparenzfördernder agiler Instrumente. Carsten und ich begannen also, die Situation von allen Seiten zu beleuchten. Dazu nutzen wir einige bewährte Methoden, mit denen man die Qualität von Teamarbeit analysieren und bewerten kann, um konkrete Anhaltspunkte für gezielte Verbesserungsmaßnahmen zu gewinnen.

Diese Modelle sind im Übrigen keineswegs neu, also nicht erst mit den gestiegenen Ansprüchen an Teamarbeit in Selbstorganisation und Agilität entstanden.

Zuerst ließ ich Carsten grundsätzliche Aspekte von Zusammenarbeit auf einer Skala von eins bis sechs - also der eines Schulnotensystems - beurteilen. Carsten bewertete, ob es in den Teams Ziele und ein gemeinsames Zielverständnis gab - ein sehr wichtiger Aspekt, denn echte Teams haben immer beides. Bloße Arbeitsgruppen können dagegen auch ohne gemeinsames Ziel und ausgeprägtes Zielverständnis agieren. Aber stellen Sie sich bitte einmal eine professionelle Sportmannschaft ohne gemeinsames Ziel vor: Was soll dabei herauskommen?

Carsten sollte einschätzen, wie sehr in den Teams selbst und aus den Teams heraus Verantwortung übernommen wurde und ob damit eine eigene Führung entstand. Führung bedeutet in diesem Zusammenhang ausdrücklich nicht Führung von außen und von oben durch eine Führungskraft, sondern teaminterne Führung im Sinne einer Verantwortungsübernahme. Dazu stellte sich die Frage, wie gut die Teammitglieder über die zur Verfügung stehenden Ressourcen Bescheid wussten und in der Lage waren, diese zu planen. Mit Ressourcen sind hier nicht nur harte Fakten wie Zeit oder die Anzahl der Teammitglieder gemeint, sondern auch im Alltag wichtige Faktoren, beispielsweise persönliches Wissen und Können, damit jeder weiß, wen er wann zu welchem Thema fragen und einbinden kann.

Carsten prüfte außerdem, inwieweit die Teammitglieder ihre Rollen innerhalb des Teams schon gefunden hatten und wie ziel- und sinnstiftend die Aufgaben verteilt worden waren.

Die Rollenfindung der einzelnen Mitglieder ist für ein Team existenziell. Vielleicht haben Sie selbst schon einmal erlebt, wie unangenehm es ist, in einer Gruppe keine klar definierte Position zu haben und wissen, dass man sich nur durch eine eigene Rolle wirklich zum Team zugehörig fühlen kann. Letztlich kann die Identifikation mit dem Team und das, was wir als Teamspirit bezeichnen, nur darüber entstehen – ein Gefühl, dass es in Arbeitsgruppen nie gibt. Zu guter Letzt bewertete Carsten, welche Regeln und Prinzipien die Teams für ihre Zusammenarbeit geschaffen hatten und wie in den Teams kommuniziert wurde. Denn dies sind die häufigsten Gründe für teaminterne Konflikte: Fehlende oder unterschiedlich interpretierte Regeln und Prinzipien kosten ungeheuer viel Kraft und Zeit, und damit letztlich Effizienz, Qualität und Geld.

Teams entwickeln sich nicht automatisch

Wir hatten jetzt also einen groben Überblick darüber, bei welchen Themen es schon besser lief und wo noch Handlungsbedarf bestand. Um noch präziser zu werden, arbeiteten Carsten und ich nach einem Modell, das von dem amerikanischen Psychologen Bruce Tuckman bereits in den Sechzigerjahren des letzten Jahrhunderts entwickelt wurde. Trotz seines Alters wird es nach wie vor genutzt, um Teams weiterzuentwickeln und den verantwortlichen Personen ein besseres Verständnis für Status und Potenzial ihres Teams zu vermitteln.

Tuckman beschreibt in seinem Modell vier aufeinanderfolgende Entwicklungsphasen in Teams: Forming, Storming, Norming und Performing. Im Jahr 1977 ergänzte er das Modell um eine fünfte Phase, das sogenannte Adjourning.

Forming bezeichnet eine Findungsphase, die alle Teams durchlaufen. Wie lange sie dauert, lässt sich im Vornherein nicht wirklich einschätzen, da dies von vielen einzelnen Faktoren abhängt. In dieser Zeit ist ein Team beispielsweise noch sehr stark damit beschäftigt, seine Ziele und Aufgaben wirklich zu verstehen, einander kennenzulernen und die gemeinsame Zusammenarbeit zu organisieren. Die Stimmung ist meist von einer Mischung aus Unsicherheit und Aufgeregtheit, aber im Kern von Vorsicht und Freundlichkeit geprägt.

Die darauffolgende Stormingphase erreichen ebenfalls alle Teams, wenngleich einige sie trotzdem nicht durchlaufen. Es gibt also Teams, die in dieser Phase steckenbleiben und die darauffolgenden Phasen nicht erreichen. Der Name dieser Phase ist im Grunde Programm: Es kommt mitunter zu heftigen Kontroversen über die Interpretation von Zielen, die Verteilung von Aufgaben, den Ablauf von Arbeitsschritten oder die Notwendigkeit von Regeln. Die unterschiedlichen Auffassungen werden nicht nur konstruktiv vertreten, sondern häufig äußerst egozentrisch. Gerade aber dadurch werden dem Einzelnen sehr oft persönliche Grenzen aufgezeigt, und es kommt zu Grabenkämpfen und der Bildung von kleinen Interessengruppen innerhalb des Teams. Auch tritt jetzt zutage, wie und wo Sympathien und Antipathien im Team verteilt sind, was zum Teil massiv gezeigt wird und die stürmische Stimmung noch verstärkt.

In der Stormingphase wird also viel Energie für Auseinandersetzungen aufgewendet – Energie, die den eigentlich angestrebten Zielen und Ergebnissen verloren geht.

Teams, die diesen Abschnitt durchlaufen und überstehen, erreichen die Normingphase, in der jedes Mitglied seinen Platz im Team gefunden hat. Die wesentlichen Dinge der Zusammenarbeit sind geklärt: die teaminternen Spielregeln ebenso wie die Ziele, Abläufe und Prozesse, außerdem das Wissen darüber, wer was gut kann. Müssen bestimmte Dinge neu oder noch einmal definiert werden, dann fällt es den Mitgliedern in der Normingphase eher leicht, eine Lösung zu finden und ihre Konzentration vorwiegend auf die Ziele und Ergebnisse zu richten.

Sowohl in der Forming- als auch in der Storming- und Normingphase ist eine sehr starke Einwirkung von außen erforderlich. Es handelt sich also nicht um Phasen, in denen selbstorganisiertes Arbeiten auf einem hohen Niveau stattfindet, es bedarf viel Führung im klassischen Sinn. Ein Team kommt der Selbstorganisation erst in der vierten Phase – der Performingphase – deutlich näher. Der Unterschied zur Normingphase ist nicht so übermäßig groß, wie der Name vielleicht verheißt. Das Leistungsniveau kann in Bezug auf Produktivität und Zielerreichung bereits in der Normingphase recht hoch sein. Ein Normingteam und ein Performingteam differieren eher in emotionalen Aspekten: Ein Performingteam verfügt über ein wirkliches und tief etabliertes Wirgefühl, einen echten Teamspirit.

In dieser Phase ist das Team selbst daran interessiert, Ziele zu erreichen und seine Produktivität und Leistungsfähigkeit ständig zu verbessern – und zwar intrinsisch motiviert, also aus sich selbst heraus. Es bedarf nur sehr weniger oder keiner Impulse von außen, um Qualitätssteigerungen in den teaminternen Abläufen zu initiieren. Dadurch wird eine äußere Führung im klassischen Verständnis nahezu überflüssig. Somit sind Performingteams nicht zwangsläufig doppelt so gut wie Normingteams, aber ihnen um einige Facetten voraus, die den wesentlichen Unterschied ausmachen.

Wichtig ist nach diesem Modell, dass Teams die genannten Phasen immer nur aufeinanderfolgend durchlaufen können. Ein Überspringen oder Auslassen einzelner Abschnitte ist nicht möglich, sehr wohl aber, in bestimmten Phasen hängen zu bleiben und sich nicht weiterentwickeln zu können, insbesondere in der kritischen Phase des Stormings.

Bei der Phase des Adjournings handelt es sich hingegen um eine Zeit des Abschiednehmens, die immer dann stattfindet, wenn Teams sich ganz auflösen oder einzelne Mitglieder das Team verlassen. Das Adjourning findet besonders in Performingteams, manchmal aber auch schon in Normingteams statt. Psychologisch betrachtet wird dann einige Energie auf eine gewisse Trauerarbeit statt für die anstehenden Aufgaben und die Zielerreichung verwandt. Deshalb sollte in der Praxis für diese Phase immer ausreichend Zeit eingeräumt werden.

Als ich das Modell mit Carsten durchsprach, war seine erste Reaktion ganz typisch für viele Führungskräfte – Teams sind da erfahrungsgemäß oft selbstkritischer. »Im Grunde sind alle drei Teams Performingteams. Die machen alle einen guten Job und es ist ja nicht so, dass die nichts auf die Reihe kriegen, ganz im Gegenteil. Da ist nur noch Luft nach oben, die ich nutzen will«, meinte er. In meiner beruflichen Tätigkeit haben drei von vier Führungskräften diese spontanen Einschätzungen gezeigt. Kein Wunder: Wer will schon gern dem eigenen Team und den eigenen Mitarbeitern attestieren, dass sie nicht performen?

Tatsache ist, dass wohl nur die wenigsten Teams in der Arbeitswelt die Performingphase erreichen und hier sehr viele Fehleinschätzungen vorgenommen werden. Die Gründe dafür sind sehr vielfältig und würden allein ein ganzes Buch füllen. Ein grundsätzliches Problem besteht häufig darin, dass die Beurteilung, dass es sich bei einem Team um ein Performingteam handelt, in subjektiver und nicht sauber strukturierter Weise vorgenommen wird. So muss ich aus meiner Erfahrung eher berichten, dass bei den meisten Teams, mit denen ich habe arbeiten dürfen, noch recht viel Luft nach oben bestand – zumindest zu Beginn der Zusammenarbeit. Mit »Luft nach oben« meine ich ausdrücklich nicht, dass man in diesen Fällen noch etwas aus diesem Team hätte herausquetschen können. Sondern vielmehr, dass sie aus sich selbst heraus nach Verbesserungen hätten streben können, ohne sich als Ganzes oder als Individuen zu überfordern. Ein wirkliches Performingteam zeigt aus eigenem Antrieb einen Willen zur ständigen Optimierung und ist gleichzeitig in der Lage, seine Grenzen zu erkennen und diese auch abzustecken.

Aus diesem Grund sind solche Teams im klassischen Sinne schwieriger zu führen. Performingteams können auch sehr eindeutig »Nein« sagen, wenn eine Aufgabe oder Zielsetzung aus ihrer Sicht nicht erreichbar oder sinnvoll ist. Mit diesem Verhalten entsprechen solche Teams natürlich sehr klar dem Verständnis von Selbstorganisation und Agilität.

Da ich aus Erfahrung weiß, dass man Führungskräfte häufig nicht nur mit Worten davon überzeugen kann, dass ihr Team noch nicht in der Performingphase ist, nutze ich hierfür gern eine Analyse, die einen detaillierteren Aufschluss darüber gibt, in welcher Phase sich ein Team befindet. Deshalb haben auch Carsten und ich nach seiner ersten, eher generalisierten Einschätzung einen detaillierten Teamcheck gemacht, um ganz genau zu erfahren, an welchen Stellschrauben wir drehen mussten, um den größten Effekt für die Weiterentwicklung der Teams zu erreichen.

Nun sind Sie dran!

Genau an dieser Stelle endet nun die halbe Geschichte dieses Buches. Nachdem Carsten inzwischen ausgesprochen gut mit seinen drei Teams unterwegs ist und sich viele Dinge sehr positiv entwickelt haben, kommen Sie als Leser ins Spiel. Sind Sie Mitglied eines Teams oder arbeiten sehr viel in Teamarbeit, also eher in einer Arbeitsgruppe oder einer klassischen Abteilung? Oder sind Sie für ein oder mehrere Teams in einer Führungsrolle verantwortlich? Dann analysieren Sie jetzt selbst einmal, in welcher Phase sich Ihr Team befindet und bei welchen Themen Sie das größte Entwicklungspotenzial haben.

Hierzu müssen Sie nur Folgendes tun: Besuchen Sie einfach meine Webseite *seidochmalagil.de*. Dort können Sie sich kostenlos den Teamcheck herunterladen und sich direkt ans Werk machen. Lassen Sie mich gern wissen, wie Ihr persönlicher Fall endet. Ich bin gespannt und freue mich auf Ihre Kontaktaufnahme.

11.
Das Anti-Fazit

Stefan Kollewe, der mir bei diesem Buchprojekt geduldig, mit viel Reflexion und Rat zur Seite gestanden hat, hat mir immer wieder gesagt: Es braucht ein Fazit. Lieber Stefan, vielen Dank für Deine Unterstützung – ich folge dir auch an dieser Stelle.

Allerdings ist das nicht so leicht. Wie kann ich ein Fazit zu Agilität und Selbstorganisation ziehen, wenn diese Themen und die damit verbundenen Entwicklungen in der Arbeitswelt einem ständigen Wandel unterliegen, dessen Ende im Grunde nicht vorgesehen ist? Schließlich sind Weiterentwicklung und Fortschritt Wandel in Reinkultur: Insofern weiche ich an dieser Stelle von einem Fazit im klassischen Sinne ab.

Wenn ich über alles nachdenke, was ich in den letzten zwei Jahrzehnten erlebt, und in vielerlei Hinsicht in diesem Buch mit Ihnen geteilt habe, dann bleibt eins doch immer konstant: Methoden und Vorgehensweisen kommen und gehen. Das Gleiche gilt für Management- und Führungstechniken sowie Ansätze für die Weiterentwicklung von Menschen in der Arbeitswelt. Aber die agile Menschenentwicklung wird wahrscheinlich für lange Zeit bleiben. Denn wir werden der heutigen Dynamik der Wirtschaft und ihrer zukünftigen Entwicklung langfristig nicht mehr mit Methoden, Prozessen und Techniken begegnen können, zumindest nicht so, wie wir es aus der Vergangenheit gewohnt waren. Die Digitalisierung wird rasant voranschreiten und viel Bekanntes ablösen oder erleichtern. Aber auch hierbei wird es noch lange Zeit immer wieder Grenzen geben. Damit aber gewinnt ein Faktor mehr an Bedeutung als jemals zuvor: Die Menschen, die in unseren Unternehmen tätig sind. Sie werden auf lange Sicht nicht durch Methoden, Prozesse, Techniken oder die Digitalisierung zu ersetzen sein.

In allen Geschichten dieses Buches sind immer die Menschen der Kern des Wandels und des Erfolges. Darum wird es wichtiger denn je, die Menschen in unserer Arbeitswelt wirklich in den Mittelpunkt zu stellen. Nur die Unternehmen, die dies erkennen und die dies ehrlich ohne falsche Hintergedanken umsetzen, werden dauerhaft eine echte Chance haben. Nur diese

Unternehmen werden aufrichtig in der Lage dazu sein, Mitarbeiter durch agile Menschenentwicklung weiterzubringen – zu ihrem persönlichen, aber auch in einem synergetischen Ansatz zum Wohl des Unternehmens.

Die Zeiten, in denen Menschen austauschbar und nicht mehr als ein Rädchen im Getriebe waren, sind überholt. Innovationen werden in Unternehmen auch weiterhin vorwiegend von Menschen erbracht. Dies ist aber nur möglich, wenn sie eine Arbeitsumgebung mit entsprechenden Rahmenbedingungen vorfinden und die Wertschätzung für Innovationen wirklich gelebt wird.

Es wird auch weiterhin Probleme geben, die nur von Menschen gelöst werden können. Dafür aber braucht es motivierende Voraussetzungen und Freiräume zum eigenverantwortlichen Handeln. Die Arbeitswelt wird zu einem immer wichtigeren Teil im Leben der meisten Menschen werden, indem sie nicht einfach bloß arbeiten, sondern Möglichkeiten und Perspektiven finden wollen, genauso wie Sinnhaftigkeit, Wertschöpfung, die Möglichkeit zur Mitgestaltung und persönlichen Weiterentwicklung.

Diese ganzen Entwicklungen werden nur gelingen, wenn wir agile Menschenentwicklung in unseren Unternehmen möglich machen. Die wichtigsten Dinge dabei werden zum einen der Kontakt und Austausch mit den Menschen sein, zum anderen das permanente und schnelle Lernen von- und miteinander. Nur, wenn wir es uns zur Gewohnheit machen, Entwicklungen und Ideen permanent auszutauschen und in einem ständigen Dialog zu bleiben, werden wir uns selbst und andere weiterentwickeln können – völlig unabhängig davon, in welcher Funktion oder Position wir tätig sind. Nur wenn wir es schaffen, jeden Tag Gewohnheiten und Mechanismen zu hinterfragen und neue Dinge zu erfahren, wird es möglich sein, gemeinsam zu wachsen und mit- und voneinander zu lernen.

Diesem Ansatz folgend möchte ich mit Ihnen als Leser verbleiben. Genauso, wie es in diesem Buch kein Richtig oder Falsch gibt, existiert dies ebenso wenig in der Agilität, in der es schlussendlich auch kein abgeschlossenes Agilitätsprojekt gibt.

Transparenz und Kommunikation sind wertvolle und wertschöpfende Aspekte von Agilität und so will ich es zu guter Letzt mit der letzten, halben Geschichte auch halten. Ich möchte Sie einladen, diese selbst zu vollenden, indem Sie prüfen, mit welchem Reifegrad Ihr Team oder Ihre Teams unterwegs sind. Nutzen Sie gern diese Möglichkeit, ich kann Ihnen versprechen: Sie werden dadurch nicht dümmer!

Lassen Sie mich wissen, welche Erfahrungen Sie persönlich mit Agilität und Selbstorganisation machen oder gemacht haben. Lassen Sie mich teilhaben an Ihren Erfahrungen und geben Sie mir die Möglichkeit, von Ihnen zu lernen. Auch ich bin gern bereit, Sie an meinen Erfahrungen teilhaben zu lassen und Ihnen eine Möglichkeit zum Lernen zu geben, wenn Sie mögen. Denn genau das ist bereits gelebte agile Menschenentwicklung!

Agiles Führen

Stefanie Puckett, Rainer M. Neubauer
Agiles Führen
Führungskompetenzen für die agile Transformation
1. Auflage 2018

320 Seiten; Broschur; 29,95 Euro
ISBN 978-3-86980-433-0; Art.-Nr.: 1053

Agiles Führen gilt als das Wundermittel schlechthin. Kaum eine Führungskraft kommt an dem Thema vorbei. Dennoch ist dieses Thema vielerorts nicht mehr als ein Schlagwort. Leider – denn agiles Führen kann sich jede Führungskraft aneignen und anwenden.

Was bedeutet agiles Führen im Kontext der digitalen Transformation? Wie verändert sie die Führungsaufgabe? Wie entwickelt man eigentlich agile Führungskompetenz im Alltag? Und wie wird man zum agilen Change Manager?

Neubauers und Pucketts Buch gibt Antworten auf diese Fragen. Es wirft einen Blick unter die Oberfläche und zeigt, welche Kompetenzen und Persönlichkeitseigenschaften agile Führungskräfte auszeichnen. Dabei hat es beide Seiten im Blick. Denn agile Führung muss authentisch sein und scheitert allzu oft am Widerstand der Mitarbeiter. Pragmatisch zeigt das Buch, wie sich diese Widerstände auflösen lassen und die Transformation der Organisation gelingt.

Auf Basis jahrzehntelanger Arbeit mit Führungskräften und eines wissenschaftlich untermauerten verhaltensorientierten Kompetenzmodells ist dieses Buch entstanden. Es lenkt den Blick darauf, wie wir mit agiler Führung unsere vorhandenen Stärken, Kompetenzen und Erfahrungen zukunftsfähig machen.

www.BusinessVillage.de

Agile Teams

Jörg Bahlow, Gerhard Kullmann
Agile Teams
Neue Herausforderungen fokussiert meistern
2. Auflage 2018

232 Seiten; Broschur; 24,95 Euro
ISBN 978-3-86980-369-2; Art.-Nr.: 1013

Schnell, beweglich und effizient – agil müssen Unternehmen heute sein, um dauerhaft Erfolg zu haben. Der wichtigste Rohstoff für agile Unternehmen sind dabei motivierte Mitarbeiter und agile Teams.

Was macht aber ein agiles Team aus, das schnell reagiert und außergewöhnliche Leistungen erbringt? Wie lassen sich agile Teams gezielt entwickeln? Und wie werden diese Teams möglichst wirksam im Unternehmen eingesetzt?

Antworten darauf liefern Jörg Bahlow und Gerhard Kullmann in ihrem neuen Buch. Sie zeigen, wie die Balance zwischen Führung, eigenverantwortlichem Handeln und effizienter Selbststeuerung im Team gelingt. Denn wesentliche Voraussetzungen für agile Teamarbeit sind Verbindlichkeit und Fokussierung. Und die entstehen nur auf der Grundlage von Vertrauen und Kommunikation.

Schritt für Schritt zeigen die Autoren, wie agile Teamkonzepte auch über die Softwareentwicklung hinaus realisiert werden. Reduziert auf die wesentlichen Denk- und Handlungsmuster, zeigt dieses Buch anschaulich, wie agile Teams in Unternehmen jeder Größe und Branche einsetzbar sind.

www.BusinessVillage.de